公共空间设计

PUBLIC SPACE DESIGN

主　编　张志明　黄春波

副主编　刘　冰　蒙良柱　廖远芳　周腾飞
　　　　郑义海　黄必扬　覃文元　区滢元

参　编　周　琳　王　雨　曾广春　陆　健
　　　　钟吉华　谢梅俏

北京理工大学出版社
BEIJING INSTITUTE OF TECHNOLOGY PRESS

内 容 提 要

本书紧扣应用型高校人才培养目标，注重理论与实践的高度统一，凸显高等教育的特色，充分贯彻"工学结合"的理念。全书分为基础认知、基础训练、项目实训三个模块。其中，项目实训部分以项目为依托，由办公空间设计、餐饮空间设计、专卖店空间设计、酒店空间设计四个主题专项设计组成，以"知识认知"为主导，以实际"任务"为落脚点，突出了工作任务实操的重要性。另外，读者还可以扫描本书中的二维码来获取相关知识，进行移动式拓展学习。

本书可作为高等院校公共空间设计、环境艺术设计、建筑学专业的教材，也可作为建筑设计工作者的参考书，对相关专业的设计人员也具有一定的参考价值。

图书在版编目（CIP）数据

公共空间设计 / 张志明，黄春波主编. -- 北京：
北京理工大学出版社，2023.7
　ISBN 978-7-5763-2649-9

　Ⅰ.①公… Ⅱ.①张… ②黄… Ⅲ.①公共建筑—室
内装饰设计　Ⅳ.①TU242

中国国家版本馆CIP数据核字（2023）第138726号

责任编辑：封　雪	文案编辑：毛慧佳
责任校对：刘亚男	责任印制：王美丽

出版发行 / 北京理工大学出版社有限责任公司
社　　址 / 北京市丰台区四合庄路6号
邮　　编 / 100070
电　　话 / （010）68914026（教材售后服务热线）
　　　　　　（010）68944437（课件资源服务热线）
网　　址 / http：//www.bitpress.com.cn

版 印 次 / 2023年7月第1版第1次印刷
印　　刷 / 河北鑫彩博图印刷有限公司
开　　本 / 889mm×1194mm　1/16
印　　张 / 8.5
字　　数 / 237千字
定　　价 / 89.00元

前言 PREFACE ·················○

党的二十大报告指出："统筹职业教育、高等教育、继续教育协同创新，推进职普融通、产教融合、科教融汇，优化职业教育类型定位。"随着城市化进程的飞速发展，公共空间设计行业也蓬勃发展起来，这对设计人员的专业能力提出了越来越高的要求。相对于居住空间，公共空间所涉及的专业内容更为全面，从设计到选材，再到施工，都要综合考虑多种要素，如消费群体、装修风格、人流动线、消防安全等。

当下应用型高等教育模式，无论在教学理念、教学内容方面，还是在教学形式、教学方法上都发生着深刻的变革。以往的室内公共空间设计相关教材多为单项公共空间介绍，其中文字较多、项目案例较少，对于学生来说实用性较低。因此，对于教育从业者来说，必须转换教学思路，强调理论与实践相结合。基于此，编者结合多年的教学和实践经验，结合环艺、公共空间设计等专业基础知识编写本书，在本书中适当融入"1+X"职业技能相关内容，并引入大量竣工项目案例，使学生能够身临其境地学习，提高实操能力。全书分为基础认知、基础训练、项目实训三个模块。其中，项目实训部分以项目为依托，由办公空间设计、餐饮空间设计、专卖店空间设计、酒店空间设计四个主题专项设计组成，以"知识认知"为主导，以实际"任务"为落脚点，突出了工作任务实操的重要性。另外，读者还可以扫描本书中的二维码来获取相关知识，进行移动式拓展学习。

在本书的编写过程中，编者参考了部分相关教学论著，并纳入了一些实施项目案例等，在此对以上编者及资料提供者一并表示诚挚的谢意。

由于本书涉及内容广泛，编者水平有限，书中难免存在不妥之处，恳请广大读者批评指正。

编　者

目录 CONTENTS ·· ◉

模块一 基础认知

学习目标

知识目标：

1. 了解公共空间设计的基本属性及学科特征。

2. 掌握公共空间设计的入门知识及基础理论知识。

能力目标：

1. 能根据项目定位匹配项目风格。

2. 能根据设计原则进行平面布局。

3. 能对户型进行优点及缺点分析。

素养目标：

《荀子·修身》中提到"道虽迩，不行不至；事虽小，不为不成"，从这段话中，学生应能理解"事虽小，不为不成"的道理，并能够将其应用到实际工作当中，提升自身的技能素养。

模块导入

公共空间设计既是人们为了满足自身对生活、工作中的物质和精神需求所进行的内部环境设计，也是空间环境系统中与人的关系最为直接的、密切的方面。正是由于它不断实现着人们改善生活环境和空间的愿望，才得以存在并发展。伴随着设计领域分工协作的深化，公共空间设计从建筑设计中分离出来，逐渐成为一门专业性很强、发展迅速的独立学科。在可持续发展和节约型社会的大背景下，如何创造生态的、人文的室内环境，为人们的生活、工作和社会活动提供符合当代人审美需求的空间场所，将成为公共空间设计的发展方向。

任务一　公共空间设计概述

　　公共空间设计与人们的生活密切相关，其目的是在营造一个满足人们基本生活需求的室内空间环境的基础上，对其进行优化和美化设计。本任务内容主要对公共空间设计的内涵、属性及概况进行深入探讨。公共空间设计的内涵包括公共空间设计的研究内容和时空概念；公共空间设计的属性包括多功能的综合、多要素的制约及公众共同参与三部分内容。学生应通过相关概念及理论引导，从多个层面地分析和思考公共空间设计的基本特征。

一、公共空间设计内涵

　　对于公共空间设计的概念，许多专家从不同角度和不同侧重点，做出了各种的分析。他们普遍指出了公共空间设计与建筑的紧密关系，还强调物质性与精神性，即实用功能和人们的审美需求。公共空间设计是根据建筑的使用要求，在建筑的内部展开，运用技术及艺术手段，设计出物质与精神、科学与艺术、理性与情感完美结合的理想场所。这不仅要具有使用价值，还要体现出建筑风格、文化内涵、环境气氛等精神功能。公共空间设计的目的是创造出功能合理、舒适美观，符合人们生理和心理要求的理想场所的空间设计，旨在使人们在生活、居住、工作的室内环境空间中得到心理、视觉上的和谐与满足。公共空间设计的关键在于塑造室内空间的总体艺术氛围，即将从概念到方案、从设计到施工、从平面到空间、从装修到陈设等一系列环节融会并构成一个符合现代功能和审美要求的整体。

　　公共空间设计是环境设计的一个重要组成部分。环境（Environment）是指影响人类生存和发展的各种天然的与经过人工改造的自然因素的总和。室内空间属于经过人工改造的环境，由于人们绝大部分时间生活在室内环境之中，在环境设计系统中，公共空间设计与人们的关系最为密切。

1. 公共空间设计的研究内容

　　设计的服务对象是人，为人的需求而存在，由于室内空间是供人享用的，设计的过程就是将人的生活方式和行为模式物化的过程。具体来说，公共空间设计首先要解决建筑内部空间的使用功能；其次要改善空间内部原有的物理性能，如保温、隔热节能、空调、采光照明、智能化等；最后还要塑造一个与使用者行为相称的生活与工作环境，从而改变人们的生活方式。这就需要设计人员体验生活、体验空间、体验环境，制作出满足社会上各种人所提出的使用功能和精神功能的需求空间设计。

　　（1）使用功能的需求。公共空间设计要根据建筑的类型及使用功能安排室内空间，要尽量做到布局合理、通行便利、空间层次清晰、通风良好、采光适度等。使用功能反映了人们对某个特定室内环境中的功能要求，不同使用功能的室内环境设计要求也不同，例如，卧室要求私密、舒适；书房要求安静，适合工作和学习等。

　　（2）精神功能的需求。单纯注重使用功能的公共空间设计，其合理性是不够的，独特的设计带来的心理和精神上的满足同样很重要。设计应通过外在形式唤起人们的审美感受并满足其心理需要。

　　公共空间设计必须满足人的情感需求。情感是一种直觉的、主观的心理活动，主要通过视觉的体验来获得。每个室内空间都能带给人不同的心理感受，如可爱、浪漫、整齐、活跃、宁静、严肃、正统、艺术、冰冷、童趣、个性、宽敞、明亮、现代、乡村、典雅、柔软、未来、高雅、华贵、简洁等。

在公共空间设计中，对待特定情感的追求与表现是十分重要的，从形式上看似是在推敲，如对地面、顶棚、墙面等实体的设计，实质上就是要通过设计手段创造出理想的空间氛围。因此，对于不同的空间要有不同的设计定位，从而做出与之相应的设计方案。

2. 公共空间设计的时空概念

公共空间设计是建立在四维时空概念基础上的艺术设计门类，是围绕建筑内部空间而进行的环境艺术设计。现今，人们对公共空间设计及其空间艺术表现形式认识已不是传统意义上的二维或三维概念，也不再是简单的时间艺术或空间艺术表现，而是两者综合的时空艺术整体形式。公共空间设计的主要任务在于塑造室内空间的总体艺术氛围。

公共空间设计的四维时空概念是建立在爱因斯坦的空间理论之上的。我们生存的世界是一个四维的时空统一的连续体。在公共空间设计中，时空的统一连续体是通过客观空间静态实体与动态虚体的存在和人的主观时间的运动相融来实现其全部意义的。因此，空间限定与时间序列成为公共空间设计空间系列最基本的构成要素。

（1）公共空间设计的空间限定。公共空间设计的空间限定是指未达到建筑功能的目的，需要在原始空间使用物质要素（即在未经加工的自然空间和原有空间）中进行领域的设置。物质要素即是用来限定空间的并具有一定形状的物体，又称空间限定要素。由空间限定要素构成的建筑表现为两种室内空间形式：一种形式是属于物质的实体空间，另一种形式是非实体的虚体空间。由建筑界面围合的内部虚体空间是公共空间设计的主要内容，并与实体的存在与使用之间构成辩证统一的关系。空间限定效应最重要的因素是尺度，空间限定要素实体形态本身和另一些实体形态之间的尺度是否得当，是衡量公共空间设计成效的关键（图1-1）。

图1-1　青岛1903啤酒概念店内部空间设计

空间限定的基本形态有七种：

1）围——创造人为空间的基本形态，其水平限定强度高，垂直限定强度低。

2）覆盖——垂直限定高度小于水平限定高度。

3）凸起——地面凸起有具体和抽象两种限定，顶部向下凸起只有抽象的限定作用。

4）下凹——是与凸起相反的形态，作用与凸起类似。

5）子母凸起——与凸起类似，所不同的是其下方会产生一个从属空间。

6）肌理——用不同的材质限定空间，是一种抽象的限定形态。

7）设立——产生视觉空间的主要形态。

（2）公共空间设计的时间序列。这里讨论的时间是一个物理学名词，它建立在现代物理学时空观念之上。在这里，时间和空间是不可分割的整体，它们是运动着的物质的存在形式，空间是物质存在的广延性，时间是物质运动过程的持续性和顺序性，时间和空间是有限与无限的统一。从有限时空的概念讲，时间是可以度量的。我们之所以把公共空间设计称为时空连续的四维表现艺术，是因为它的时间和空间与艺术具有不可分割的特性。虽然在客观上，空间限定是公共空间设计的

3. 公众共同参与

公共空间设计的另一个属性就是公众共同参与设计。公共空间设计从最开始的计划、构思到最终完成，需要经过一系列的程序和过程，这个过程会有各方面的人员对方案进行审定和提出各种意见，有些城市的公共空间设计还需要市民的介入，征求市民的意见等。一般来说，公共空间设计方案要经过投资方的认定，其会对成本等方面进行严格的审核。有时设计方案还需要通过使用方的认可，他们会对功能、审美等方面提出具体的建议和意见。就施工的具体工艺和技术上的问题，工程技术人员或许会对设计方案提出一些具体的意见和建议。

笼统地说，公共空间设计具有突出的公共性质，这与艺术创作多属于个人行为有着明显的不同。环境艺术不只是个人的艺术，作为公众艺术的一种，创作过程中需要纳谏如流，聆听公众的心声，这是设计师实现创作的基本方法。总之，多层面的分析和考虑是公共空间设计的基本特征。公共空间设计，大到空间布局的整体规划，小到一个电器开关的造型色彩、一件家具的摆放位置、一个门把手的触感等，范围极其广泛，既有极为抽象的思考内容，如文化性、民族性、含义和意味等；又有非常具象的思考对象，如空间的形态、色彩关系、家具造型等。如此多的功能要求和各种层面的关系考虑给公共空间设计带来了难度，从某种意义上说，公共空间设计是一门受限制的设计艺术。另外，公共空间设计也可以说是在多重复杂的关系中寻找一种平衡，而环境艺术设计的目的正是寻找这个平衡点。

三、公共空间设计概况

1. 学科含义

公共空间设计是一门新兴的学科，是综合的艺术系统的工程研究，涉及美术、建筑、园林、人体工程学等多个领域，是艺术类跨学科的综合型专业。

公共空间设计的出现依附于建筑物设计，在建筑物的结构基础上进行规划和设计，以达到美的效果。建筑物作为公共空间设计的主体，是公共空间设计的基础。因此，公共空间设计和建筑设计是密不可分的。中华人民共和国成立后，随着科学技术的发展和人们的生活及审美水平的提高，公共空间设计行业有了很大的发展。

2. 学科现状

公共空间设计是一门根据建筑物的使用性质、所处环境和相应标准，运用物质技术手段和建筑设计原理等理论知识，创造功能合理、舒适优美、满足人们物质和精神生活需要的室内环境的学科。空间环境既具有使用价值，满足相应的功能要求，也反映了历史文脉、建筑风格、环境气氛等精神因素；明确地把"创造满足人们物质和精神生活需要的室内环境"作为设计目的。现代设计是针对室内环境的综合设计，既包括视觉环境和工程技术等方面的要求，也包括声、光、热等物理环境，以及氛围、意境等心理环境和文化内涵等内容。

从发展的进程上看，我国艺术设计的教育是从美术教育、机械设计等发展而来的，学科基础薄弱。各高校一直忙于扩大规模，没有对理论知识进行系统化的梳理和整合，有些理论完全就是照搬照抄，没有一套系统的、理论化的环境艺术类学科的知识体系。理论知识的缺失导致各高校对艺术类学科的定位不准确，使我国的设计教育发展较缓慢。

当下，国内环境（艺术）设计学科定位模糊的原因有三：其一，长期以来一直无法界定理论基础和研究对象；其二，无法明确与相关学科的关系；其三，与职业设置脱节。目前，建筑师、公共空间设计师、景观设计师等已经成为得到社会普遍认可的设计职业，但设计师的职业定位却不那么明晰。

设计创作（图 1-5 和图 1-6）的整个过程所涉及的学科范畴广，而且对设计的要求高。设计教育培养的是应用型人才，为了更好地适应市场需求与竞争，设计教育必须密切结合我国国情。不同国家在不同的社会经济发展时期对设计教育的要求有所不同，这些都需要有很好的理论指导，没有理论指导的实践，不可能从根本上摆脱盲目性。公共空间设计经过几十年的发展，理论体系逐渐完善，得到越来越多学者的关注。虽然相关公共空间设计教学研究的学术论文逐年增多，但是在实践中，公共空间设计作为高等艺术教育中的一个分支，其专业教学理论仍然缺乏一个全面的、系统的理论体系的支撑，这是毋庸置疑的。一个没有坚定的"理论精神"做支撑的教育背后，其教育必定缺乏传统文化内涵，导致学生缺乏对中国传统知识的理解，也就不会在此基础上进行知识创新。所以，在实践或是适应市场需求的不同要求下，一个缺乏全面的、系统的理论体系支撑的教育培养体系也必定不健全，存在一定的隐患和弊端。

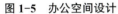

图 1-5　办公空间设计　　　　　　图 1-6　金茂资本办公空间

3. 学科定位

纵观各设计专业的发展历程，尽管其研究领域可以不断拓展，研究方法可以不断趋于多元化，但是总有一个核心词可以概括其初始的或是基本的研究对象。如今，在公共空间设计不断发展壮大、学科规模不断扩张的同时，人们越来越关注设计这个新兴学科的未来发展之路。如何让这个"新兴学科"持久、健康地发展下去便成为公共空间设计研究的重要命题。

因此，国内的公共空间设计还是应该立足于艺术设计领域，寻求其定位。艺术设计中的公共空间设计，应该是指有关环境的"设计"，而这个设计是同于工业设计、视觉传达设计、数字媒体设计等设计学范畴的狭义的设计。同时，一个学科的定义应该立足于当下，应该在从当下到未来的某段时间的时空交集内去寻求学科发展的方向。因此，对现代设计学在过程和对象层面的讨论，有助于设计学科的清晰定位。

（1）公共空间设计与其他学科的联系。公共空间设计是一门综合性学科，既有明显的艺术性，又有很强的科学性；既有实践性，又有理论性。作为一名合格的公共空间设计师，应该掌握大量的信息，不断学习其他学科中的有益知识，以使自己的设计作品具有丰富的科学内涵。

1）公共空间设计与人体工程学。人体工程学（Human Engineering）也称人类工程学、人机工学或工效学（Ergonomics）。"Ergonomics"源自希腊文"Ergo"，即工作、劳动和效果，也可以理解为探讨人们劳动、工作效果和效能的规律性。人体工程学即研究"人—机—环境"系统中人、机器和环境三大要素之间关系的学科。人体工程学可以为"人—机—环境"系统中人最大效能的发挥和人的健康问题提供理论数据和实施方法。人体基本动作尺度如图 1-7 所示。

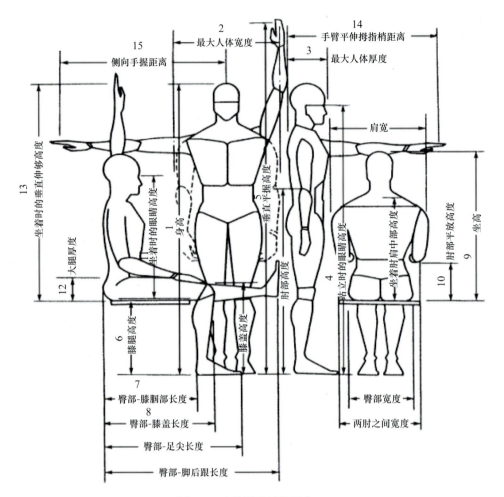

图1-7 人体基本动作尺度

人体工程学在公共空间设计中的作用主要有以下几点：

①为确定空间范围提供依据。根据人体工程学中的有关计测数据，从人体基本动作的尺度、动作域和心理空间等方面为确定空间范围提供依据。

②为家具设计提供依据。家具和设施为人所使用，因此，它们的形体、尺度必须以人体尺度为标准。同时，人们为了使用这些家具和设施，其周围必须留有活动和使用的最小空间，这些设计要求都可以通过人体工程学来解决。

③提供适应人体的室内物理环境的最佳参数。室内物理环境主要包括室内的热环境、声环境、光环境、重力环境和辐射环境等。室内物理环境参数可以帮助设计师做出合理的、正确的设计方案。

④为确定感觉器官的适应能力提供依据。通过对视觉、听觉、嗅觉、味觉和触觉的研究，为室内空间环境设计提供依据。

2）公共空间设计与心理学。心理学是一门研究人的心理活动及其规律的科学。为了营造安全、舒适、优美的内部环境，一定要研究人的心理活动，需要借鉴很多心理学的研究成果。而在心理学中，与公共空间设计关系最密切的当属环境心理学。环境心理学是以心理学的方法对环境进行探讨，分析人与环境的关系，启发、帮助设计师创造最佳的室内人工环境。多人就餐时的空间尺度要求如图1-8所示。

①人的心理与行为的共性。人的心理与行为尽管存在差异，但还是具有一定的共性。下面从两

方面进行阐述。

首先，阐述空间领域、私密性、安全感方面。空间领域是指个人或群体为满足需要，占有或拥有的"一块领地"。例如，公共办公室被分割成相对独立的个人办公区域，使办公室的每个人都拥有自己不被外界干扰和妨碍的工作空间。私密性是指在室内空间中，人的视线、声音等的隔绝处理。住宅、影院对这方面的要求较为突出。住宅中的卧室要求有很强的私密性，以满足主人休息的要求。因此，在空间安排上，应避开入口，以远离人的视线，同时还要有很好的隔声处理，这样才能为人们提供舒适安静的休息环境。此外，无论是书房还是办公室，人们总愿意坐在能看见入口的位置，因为这个位置可以带来安全感。让人能很容易观察到外界的环境变化，不会

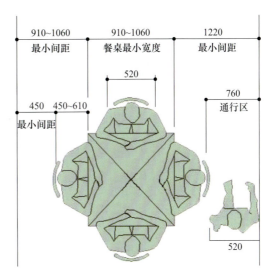

图 1-8　多人就餐时的空间尺度要求

受到突如其来的惊吓。同时，在人流密集的大型集散地，多数人不会无故地停留在空旷的地方，更愿意找一个有"依托"的物体，这里才有安全感。

其次，从众与好奇心心理方面来阐述。

第一，从众。从众是指个人受到外界人群行为的影响，而在自己的知觉、判断、认识上表现出与多数人相一致的行为方式。这种心理现象提示设计师在布局公共室内空间时，要有明确的导向性，避免人们在火灾或其他灾难发生时出现盲从的现象，可以利用空间的形态和照明等设计手段引导人群流向，还应设计辅助标识与文字。

第二，好奇心。好奇心是指个体遇到新奇事物或处在新的外界条件下所产生的注意心理。设计师在进行公共空间设计时可以采用新颖奇特的设计创意诱发人们的好奇心。这种设计可采用不规则性、重复性、多样性、复杂性等手法。

一是不规则性。不规则性主要是指布局的不规则。规则的布局能够使人一目了然，而不规则的布局则可以激发人们的好奇心。例如，柯布西耶设计出的朗香教堂就运用了不规则的平面布局和空间处理手法。

二是重复性。重复性不仅指建筑材料或装饰材料数目的增多，而且也指事物本身重复出现的次数。当事物的数目较少或出现的次数较少时，往往不会引起人们的注意，容易一晃而过。只有事物反复出现，才容易被人注意和引起好奇。例如在商业空间的设计中，为了让消费者记住商品，设计师往往使用大量的相同元素加深消费者的记忆。

三是多样性。多样性指形状或形体的多样性，也指处理方式的多种多样，还包括空间形态、材料与处理手段的多样性。例如，娱乐场所就可以运用形式多样的造型、丰富的材料、炫目的灯光等来设计室内空间，让人们可以尽情享受快乐时光。

四是复杂性。运用事物的复杂性来增加人们的好奇心理是一种屡见不鲜的手法。特别是进入后工业社会以后，人们对于千篇一律、缺乏变化、缺少人情味的大量机器产品日益感到厌倦和不满，希望设计师能创造出变化多端、丰富多彩的空间来满足他们不断变化的需要。在公共空间设计中，为了达到新奇性的效果，常常运用三种表现手法：一，使室内环境的整个空间造型或空间效果与众不同，但这种手法一般造价太高，施工又不方便，只可偶尔采用；二，把一些平常东西的尺寸放大

或缩小，给人一种变形、奇特的感受，使人觉得新鲜好奇，鼓励人们去探寻究竟；三，运用一些形状比较奇特新颖的雕塑、装饰品图像和景物来使人们好奇。

②空间形状及其对心理的影响。不同的形状会给人不同的心理感受。在公共空间设计中，整个空间的形态或方或圆或高或矮，在制造不同视觉效果的同时，还可以带给人们丰富的心理感受（表1-1）。

表1-1 室内空间形状带给人的心理感受

室内空间形状	正向空间				斜向空间		自由空间	
心理感受	稳定、规整	稳定、有方向感	高耸、神秘	低矮、亲切	超稳定、庄重	动态、变化	和谐、完美	活泼、自由
	略呆板	略呆板	不亲切	压抑感	拘谨	不规整	无方向感	不完整

③不同材料对心理的影响。选择材料是公共空间设计中的一项重要工作。选择材料时要考虑很多因素，如材料的强度、耐久性、安全性、质感、观赏距离等，但是如何根据人的心理感受选择材料也是其中的重要内容。不同材料带给人的心理感受（表1-2）不同。

表1-2 不同材料带给人的心理感受

色的属性		人的心理感受
色相	暖色系	温暖、活力、喜悦、甜热、热情、积极、活泼、华美
	中性色系	温和、安静、平凡、可爱
	冷色系	寒冷、消极、沉着、深远、理智、休息、素净
明度	高明度	轻快、明朗、清爽、单薄、软弱、优美、女性化
	中明度	没有个性、随和、附属性、保守
	低明度	厚重、阴暗、压抑、坚硬、迟钝、安定、个性、男性化
彩度	高彩度	鲜艳、浩瀚、新鲜、活泼、积极、热闹
	中彩度	日常、中庸、稳健、文雅
	低彩度	陈旧、寂寞、老成、无力、朴素

3）与纵向学科间的融合延伸。公共空间设计是在二级学科艺术设计之下设立的一个专业方向，它是与视觉传达设计、平面设计、装饰艺术设计等并列的。从学科设立的纵向发展来看，公共空间设计的基础理论知识与艺术设计的基础理论具有统一性，美术功底是基础，设计思维的基础培养也是共通的，并在艺术学的总体理论的指导下，针对各专业方向的差异化设计要求进行各自不同的专业学习。至此，公共空间设计的空间设计原则、设计手段、设计的表现形式等已经凸显出来，尤其是对特定环境的设计有着不同的设计思路，这成为公共空间设计学习区别于视觉传达设计、平面设计等二维平面设计的难点。

尽管在形式、内容和行为上均有所不同，但是从理论基础上看，进行公共空间设计与艺术设计所应具备的基本知识是相辅相成的，而且随着各个专业协同发展，在公共空间设计创作中（尤其是与视觉导向设计元素的结合），专业间的差异并没有阻止两者的融合，反而被纳入设计创作过程中形成系统的、全面的、细致的设计。当然，在相关学科交叉融合关系上，公共空间设计与艺术学、艺术设计、美术学等纵向学科在总体上是统一的、融合的，它属于统一性中差异化的表现（图1-9）。

图1-9　室内软装设计

4）与横向学科间的交叉渗透。根据不同的研究对象，公共空间设计存在两个不同的研究倾向：一个研究倾向于建筑学，从建筑到室内装饰保持自始至终的整体设计，形成了统一的设计风格；另一个研究则倾向于艺术设计领域，更注重对内部空间，特别是商业空间及展示空间的设计等。现在，越来越多的发展趋向表明，在公共空间以外的领域，艺术设计发展倾向的影响正在不断地扩大。

更重要的是，现在公共空间设计已经逐渐延伸到了建筑以外的领域，尤其是对现如今交通工具的内部空间设计，其设计原理性的知识与常规的公共空间设计是相通的，如人体工程学、心理学等的应用，但在设计上所表现出的与传统建筑学的设计还有着很大区别。公共空间设计发展到今天，研究领域的拓展将研究关注的对象从室内转到整个环境。城市设计、景观设计与环境艺术设计存在着很多的共性，这三者与建筑学也有千丝万缕的关系，不仅受到建筑发展的影响，而且从建筑理论和实践中汲取方法论的养分。

现代环境艺术设计的产生和发展与社会、艺术、建筑的发展密切相关。工业革命开始之后，人们将传统园林和公园的设计并入景观这样一个大的环境概念中。现代艺术、建筑、工程技术及植物和环境学等学科为其提供了方法论的支撑。公共空间设计产生于艺术设计学科，因此，艺术设计、设计管理、建筑学、艺术学等成为公共空间设计的主要学科支撑。品牌文化和物质空间及设施与服务相结合，与社会文化的结合的理论基础等，是公共空间设计区别于其他学科的基本特征。

进入21世纪，全球经济一体化发展，知识经济融合传播，理论知识体系不断完善。除生态环境理念外，未来公共空间设计的发展还需要面对另一个大课题，那就是科技的发展和应用。掌握更多的科技知识，才能有所收益，科技在公共空间设计中具有举足轻重的地位。随着知识经济时代的来临，科学技术是第一生产力，知识是第一生产要素，其核心是科技发展，关键是人才，基础是教育。产业结构的变化必然使教育面临着结构性的调整，"整合"成为环境艺术设计发展的关键。学科与学科之间的相互交叉创新，已成为现今学科理论发展的总体趋势。从专业设计到整合设计可持续发展的生态设计理论，以及从封闭思维到开放思维是公共空间设计学科的发展方向。在保持学科独立性发展的同时，外延的拓展成为学者确立学科理论研究方向的中心思想。

（2）公共空间设计的多学科交叉特性与未来发展趋势。

1）公共空间设计的多学科交叉特性。信息全球化时代，人们研究对象的方法趋于多元化。单从字面上来说，"环境艺术设计"中，环境是前提条件。"环境"一词包含的范围颇为广泛，分为自然环境和人工环境。自然环境是指自然生长而成的宽泛环境，人工环境是指某些空间设计经过人为的后期设计而形成的环境。一些宽泛的词也可以统指环境，如生态、物质、文化等。公共空间设计是一门立足于艺术设计的学科，是一门集艺术、科学、文化于一体的综合性发展学科。所谓多学科交叉，就是可以用新的研究方法、新的眼光去研究问题，使交叉学科蓬勃发展，使各个学科的文化知识融会贯通。艺术设计多学科交叉的发展是学科发展的必然趋势，学科之间的相互交叉创造出新的内容。由于公共空间设计发展具有特性，还需要经过更多的实践发展来寻求方案。

对学科的交叉性研究，转换新的思想，实践探索出一条跨学科的新的理论体系，以满足多方面、多层次的社会需求，这对高校提高人才素质和质量的培养是一种重要的突破，对各个学科之间的相互联系和资源相互整合具有重要的现实意义。

2）公共空间设计交叉特性的未来发展趋势。随着科技的进步，人们对室内环境艺术设计也有了一定的理解，从为设计而设计的趋势已经演变成为创造出美丽、舒适的室内环境而设计。室内环境艺术设计已经成为以"人"为主体的研究方向，人已经变成环境的协调者。随着时间的推移，人们对环境艺术设计的认识逐渐加强，使公共空间设计知识更加融合，理论知识更加趋于系统化，更能顺利地进行设计道路，为人们营建可持续的生活方式和人工环境。公共空间设计是在艺术设计理论的指导下，融合美术学、艺术学等学科所形成的表现形式多样、内涵丰富，又与相关公共空间设计学科（如建筑学、建筑设计、城市规划、城市设计、景观设计等学科）外延交叉发展的综合型专业。

四、公共空间设计现存问题

1. 公共空间设计缺乏环境保护意识与建筑功能统一协调意识

目前，我国的公共空间设计将注意力集中到提高室内的视觉感受上，公共空间设计人员将更多的精力放在如何提高室内装饰的视觉享受上，而忽视了建筑空间的功能发挥，以及对周围环境的利用。在公共空间设计的过程中，设计人员很少会将自然保护意识贯穿到整体的设计理念中，没有对自然资源与建筑整体功能统一相协调的优势进行考虑，结果破坏了自然资源环境。例如，公共空间设计中的灯具，设计人员只会考虑灯具的审美感及其营造出的层次感，而不会考虑灯具的实效性，更加不会考虑利用阳光。

2. 公共空间设计缺乏创新意识

公共空间设计缺乏创新主要体现在设计理念上没有创新，我国公共空间设计的核心理念从最初起步阶段的实现设计功能，到以后的具备独特风格，再到现如今的追求个性、自然的设计理念，可以说都是在遵循国外设计发展趋势而演变，我国的设计没有完全的自我发展个性。虽然我国的设计理念也在积极地追求民族化的因素，但是这种民族性的因素也只是被人们滥用，没有真正领悟公共空间设计的创新文化内涵。在竞争激烈的市场中，公共空间设计已经打破了地域的限制，因此，公共空间设计公司要想获得市场的认可，就必须创新。

3. 公共空间设计人员专业素养不高

公共空间设计专业是目前社会的热门专业，我国高等院校都开设了设计专业，而且学习设计专业知识的人数也在逐年递增，但人数的递增并没有为设计专业的学习带来积极的影响，而是在一定程度上造成了设计人员专业知识的匮乏。因此，人数的递增会分割现有的教育资源。同时，目前社会上的公共空间设计人员虽然经过了市场的历练，获得了相应的实践经验，但是他们的设计专业知识并没有提高，而是被社会中的不良风气所影响，导致他们不思进取剽窃他人的设计作品。

4. 公共空间设计行业制度不规范

公共空间设计属于高收益行业，公共空间设计的经济利益吸引了大批人员从事公共空间设计工作，而且根据市场的要求，他相继成立了装饰公司。在这些装饰公司里有许多不具备专业知识的公共空间设计人员，最为突出的现象就是他们雇用一些基本上没有经过系统训练和学习的人员进行室内装饰工作。面对市场的混乱，我国的公共空间设计行业机构却没有发挥任何的监管作用，造成现如今的公共空间设计市场非常混乱，可以说，这与目前的公共空间设计行业制度不规范是有直接联系的。我国的行业协会制度虽然对从事公共空间设计人员的行为进行了规定与约束，但是并不包括强制措施。

课件：公共空间设计概述

任务二　公共空间设计要素

公共空间设计以建筑为依托，是建筑空间设计的继续、深化和发展，在设计过程中，应以科学技术为功能手段，以艺术美感为表现形式。本任务以人为出发点，分析了人—行为—空间的关系，从整体原则、功能原则、价值原则、评价原则、人性化原则五个方面，对公共空间设计的基本规律进行总结，更详尽地介绍了公共空间设计中均衡与稳定、韵律与节奏、对比与微差、重点与一般等美学规律。通过学习，设计者可以将创作原理作为基础，变换处理各种设计要素，突出特定场所的特征和环境特色，从而在有限的空间内创造出个功能合理、美观大方、格调高雅、富有个性的室内环境。

一、人—行为—空间

从公共空间、室内空间、建筑，到人生活的所有空间，空间环境设计包罗万象，是一个将各类艺术统一协调的综合体。公共空间设计所涉及的空间范围就是人的活动范围。

1. 人是空间活动的主体

不同种族、阶级、宗教、年龄、身份、意识形态、生活方式等都在对人群做出不同的划分，并进一步影响着人们对环境的审美诉求与意义联想。而环境行为学关注"人类的多样性"，因为不同的人有不同的立场和需求。具体问题具体分析，对作为对象的"人"做一些限定，平均各种人群的需求差异，是环境行为学中主要的方法和视角；否则，"为人而设计"（Design for People）将成为一句空话。

2. 人的行为是设计的依据

建成的室内环境与人的行为会在潜移默化中相互影响。古典行为主义认为对行为的研究最终是为了了解动物（包括人在内）是如何适应环境的心理学。必须基于对暴露于外部的可观察事物的研究，即对由于物对物的刺激引起的生理反应，以及由此产生的环境产物的研究。新行为主义心理学派与近代的行为主义都认为，由于心理现象有别于物理现象，研究人的心理必须从人的行为，即人对于刺激的反应着手。

行为作为一种过渡状态下的行动，是一种为了达到某种愿望与目的而采取的方法，进一步形成的某种行动。广义的行为包含心理学的内容，它们相互作用，是一个整体。环境行为学研究应与视觉心理学、社会心理学、认知心理学、审美等研究有机结合。

空间是与时间相对的一种物质客观存在形式，但两者密不可分，空间由长度、宽度、高度、大小表现出来。室内空间是由面围合而成的，通常呈六面体形态，这个六面体分别由顶面、地面和墙面组成。室内是人与外界环境最接近的空间环境，人在室内活动时会有身临其境的感觉。

由室内空间采光、照明、色彩、装修、家具、陈设等因素综合造成的室内空间形象在人的心理上产生比室外空间更强的承受力和感受力，从而影响到人的生理、精神状态。室内空间的这种人工性、局限性是隔离性、封闭性、贴近性的体现，其作用类似蚕的茧，有人将其称为人的"第二皮肤"。

二、公共空间设计规律

现代公共空间设计具有多样化的类型和风格，但它们在设计时需要遵循一些共同的基本原则。

1. 整体原则

整体原则在很大程度上决定了公共空间设计作品最终的优劣，包含两方面含义。

（1）整体原则是指室内环境与其他因素的协调。它包括外部环境、建筑物、环境定位、地域发展规划等。

（2）整体原则也指公共空间设计的内容应当是对室内环境整体性的规划。

如图 1-10 所示，合理的功能空间分布、交通关系、建筑设备、材质色彩选择、家具设置、灯光设计等，都被良好地统一在室内空间，为使用者提供日常活动的最有力支持。室内设计与建筑、设备统一起来，设计师将流线、展品展览、展品维护综合考量，形成简洁的高效空间，如图 1-11所示。

图 1-10　深圳市南山区丽林维育学校公共空间

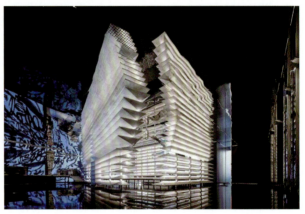

图 1-11　德赛斯生活美学馆展厅

2. 功能原则

公共空间设计是对满足人生活与工作需要的建筑内部进行规划设计。为了创造并实现相对完善的空间功能，公共空间设计遵循的功能原则主要包含以下三个方面内容。

（1）设计必须满足使用者对空间的各种物质需求。室内空间的存在是为了给使用者提供各种特定的"用途"。设计者选用的材料、技术、结构构造等都是为这些"用途"服务的。例如，会议室的设计无论是其空间形状、色彩、灯光、家具规格还是电气设备，设计的原则都要满足会议室的功能和使用者具体行为的要求。会议的规模、会谈的类型、所需要的空间氛围及相关硬件配置是此类设计的根本。在图 1-12 中，植物良好的生长状态和生物的多样性是这个建筑的主题，参观者的观看可以从多种视角进行，参观路线进行迂回婉转，使建筑主题完整呈现。

（2）设计应当物化空间的认知功能。空间的外在形式不仅可以为使用者提供生活的物质平台，也具备向使用者传递信息的精神功能。例如，仅采用密排的书架、明亮的灯光就可以向购买者指示出一个明确的购书场所；而采用角度倾斜的结构、纹理优美的木材做书架，加上舒适无眩光的光环境，则能够传达出温馨、尊重、文雅等象征意味。设计者有效地利用各种形式因素，不仅可以向使用者传达正确信息，还可以增加使用者的认同感和环境的存在价值（图 1-13）。

（3）设计应当实现空间的审美功能。事实上，公共空间设计作品一经完成，自然就具有了审美功能。设计完成其审美功能时，应当唤起人的健康、和谐的美感情趣。因此，作为现代设计师，应全面提高自身的审美素质，以健康、和谐的人生观、价值观促进自身作品的审美体验。当设计师面对现代人类多元的、复杂的审美需求时，内心应当是自由而充满生机的。图 1-14 中，材质、色彩、灯光共同展现了一个高贵、雅致、浪漫的空间；图 1-15 中，空间虽然简约，但在地面纹理、家具设计、服务台墙面设计等均体现出设计者的心思，表现出新现代主义理性中的温情。

图 1-12 重庆朗诗熙樾府营销中心

图 1-13 张家口图书馆

图 1-14 梵誓珠宝上生新所店

图 1-15 万科金融中心

3. 价值原则

价值原则是指室内空间的设计在完成其必须满足的实际用途的同时，应在一定的投资限额下实现尽可能大的经济效果和额外价值，可以从以下几个方面来进行：

（1）通过设计者的风格创造或适应地域的特有文化和习俗，增加作品的人文价值和社会影响。

（2）通过形式语言（形、色、质、声等）的有效组合，给人以丰富的想象空间，在投资限额内尽可能提高作品的审美功能。

（3）通过对实现作品的物质手段（材料、工艺结构、构造）的选择和调整，设计与实施相协调，从而高效率、安全地完成工程施工。

（4）拓展设计满足人的需求发展变化的能力，使其在一定时期内能够适应人的生活及审美观念的发展变化。在图1-16中，特殊的建筑空间给伦敦市政厅带来完全有别于传统的新意，建筑功能、技术与审美融为一体表现出特别的文化价值。

图1-16　伦敦市政厅

4. 评价原则

（1）技术与室内空间形式。纵观建筑发展史，新技术、新材料、新结构的出现为空间形式的发展开辟了新的可能性。新技术、新材料、新结构不仅满足了功能发展的新要求，而且使建筑面貌为之焕然一新，同时又促使功能朝着更新、更复杂的程度发展，然后再对空间形式提出进一步的新要求。所以，空间设计离不开技术、离不开材料、离不开结构，技术、材料和结构的发展，是建筑发展的保障和方向。

（2）技术与室内物理环境质量。人们的生存、生活、工作大部分都在室内进行。因此，室内空间应该具有比室外更舒适、更健康的物理性能（如空气质量、热环境、光环境、声环境等）。古代建筑只能满足人们对物理环境的最基本要求；后来的建筑虽然在围护结构和室内空间组织上有所进步，但依然被动地受自然环境和气候条件的影响；当代建筑技术有了突飞猛进的发展，在音质设计、噪声控制、采光照明、暖通空调、保温防湿、建筑节能、太阳能利用、防火技术等方面都有了长足的进步，这些技术和设备使人们的生活环境越来越舒适，受自然条件的限制越来越少，人们终于可以获得理想、舒适的内部物理环境。

（3）经济与公共空间设计。除技术因素外，现代公共空间设计还与经济条件有着密切的联系。所有新技术、新设备、新材料都是由雄厚的经济实力支撑的。若没有足够的经济实力，一切也就无从谈起了。经济原则作为公共空间设计的一条重要的，甚至是决定性的原则，要求设计师的设计必须根据工程的资金状况进行构思与设计，还要有节约的概念。

总之，内部空间环境设计是以技术和经济作为支撑手段的，技术手段的选择会影响这一环境质量的好坏。所以，各项技术本身及其综合使用是否达到最合理、最经济，内部空间环境的效益是否达到最大化和最优化，是评价公共空间设计是否成功的一条重要指标。

早期的技术美学是一种崇尚技术、欣赏机械美的审美观。当时采用了新材料、新技术建成的伦敦水晶宫（图1-17）和巴黎埃菲尔铁塔（图1-18）打破了从传统美学角度塑造建筑形象的常规做法，给人们的审美观念带来了强烈的冲击，逐渐形成了注重技术表现的审美观。

高技派建筑进一步强调发挥材料性能、结构性能和构造技术，暴露机电设备，强调技术对启发设计构思的重要作用，将技术升华为艺术，并使其成为一种富有时代感的造型表现手段，如位于中国香港的上海汇丰银行（图 1-19）和位于法国里昂的 TGV 车站（图 1-20）都是注重技术表现的设计实例。

图 1-17　伦敦水晶宫

图 1-18　巴黎埃菲尔铁塔

图 1-19　中国香港的上海汇丰银行

图 1-20　法国里昂的 TGV 车站

早期技术美学与高技派均将技术等同于美学。但随着时代的发展和技术水平的不断提高，经济力量的不断增强，人们已不再简单地将技术等同于美学，而是将其作为一种审美情感的表达方式，技术、经济与设计进一步融合，并成为评价设计是否优秀的一条重要标准。

5. 人性化原则

城市的快速发展往往忽略了对人的关怀，因此导致人的身体出现了亚健康的状态。为了给人们创造出健康舒适的空间环境，公共空间设计者应将人性化作为设计的重要原则。人性化原则涉及的内容很多，这里简要地从强调以空间意义与人的需求一致、多感觉体验、空间的"场所精神"，以及注重细节设计等多个方面进行论述。

（1）空间意义与人的需求一致。能否在人与空间之间形成互动关系，关键在于其空间的意义是否与人的需求一致。因此，使用者对内部空间的态度是检验公共空间设计成功与否的最好依据。然而，有些设计人员一方面对使用者的需求考虑太少；另一方面则过分注意形式，片面追求自己的设计思想和风格，造成设计成果与使用者的需求脱节，难以体现"以人为本"的设计理念。

（2）强调多种感觉体验。传统的内部空间设计比较强调视觉的形式美原则，然而现代科学研究告诉我们，人们对环境的感觉、认知乃至体验其实调动了人体所有的感觉器官。在很多环境中，触觉、听觉和嗅觉体验可能更有助于形成对环境的整体感知。这就要求公共空间设计者在进行设计时，应充分利用该特性来强化对环境的认识。

（3）强调空间的"场所精神"。"场所精神"是建筑空间理论中的一个常用名词，简单来说，场所是指在空间的基础上包含了各种社会因素而形成的一个整体环境。它的形成要通过地域文化与许多有精神关联的事物，它会使人们对某一场所产生归属感和认同感。公共空间设计利用"场所精神"可以创造出更为人性化的内部空间。

（4）细节上考虑人的需要。公共空间设计人性化的设计原则应该体现在各个细节上，即公共空间设计师的每一处设计都应该认真考虑人的需要。这是因为人的每一次行为都是具体的，它所对应的空间与空间界面也是具体的。

（5）生态与可持续原则。随着生态问题的日益严重，人们逐渐认识到人不应该是凌驾于自然之上的万能统治者，而是应将自己当作自然的一部分，与自然和谐相处。为此，人们提出了"可持续发展"概念，发展生态建筑，减少对自然的破坏。因此，"生态可持续原则"不但成为建筑设计，也成为公共空间设计评价中的一条非常重要的原则。

（6）继承与创新原则。我国公共空间设计历史久远，不乏具有中国传统理念的上佳之作。中国公共空间设计需要继承传统的精髓，但同时更要着眼于创新，只有这样，才能走出一条具有中国现代风格的公共空间设计之路。因此，继承与创新应当成为评价当代公共空间设计的一项重要原则。在我国，公共空间设计中关于继承与创新的评价标准目前可以从以下三个方面入手。

1）公共空间设计应该体现时代精神，把现代化作为发展的方向，这是时代所决定的。我们身处信息时代和生态时代，时代要求我们着重反映现代化建设的成果，要求我们着重反映综合效益（社会效益、经济效益和环境效益的统一）的最优化。

2）公共空间设计应该勇于学习和善于学习国外的新概念与新技术。在学习国外新概念和新技术的过程中，既要具有魄力，勇于拿来，使其为我所用；又要防止一切照搬，做到有分析、有鉴别、有选择地使用。在设计创作上应当解放思想、鼓励创新，但又不能不顾国情、不讲效率、不问功能，要避免违反美学规律，片面追求怪诞的外观形象的设计。

3）公共空间设计应该正确对待文化传统和地方特色。在设计中不应该割断历史，抛弃民族传统文化；而应该经过深入分析，有选择地继承和借鉴传统文化与民族特色，研究地域性的恰当表达。设计评价是人类认识自身的重要手段，对公共空间设计师而言，评价体系为其设计创作提供了参考尺度，两者的良性互动关系对设计师的创作具有重要的意义。

三、公共空间设计的美学规律

公共空间设计具有能被人们普遍接受的形式美准则——多样统一，即在统一中求变化，在变化中求统一。其具体又可以分解成均衡与稳定、韵律与节奏、对比与微差、重点与一般。

1. 均衡与稳定

自然界中的一切事物都具备均衡与稳定的条件，受这种实践经验的影响，人们在美学上也追求均衡与稳定的效果。这一原则运用于公共空间设计中，常涉及公共空间设计中对于上下之间的轻重关系的处理。

图 1-21 所示为崇政殿内景，它采用了完全对称的处理手法，塑造出一种庄严、肃穆的气氛，符合皇家建筑的要求；图 1-22 所示为某会议厅内景，采用的是基本对称的布置方法，让人既可以感受到轴线的存在，同时又不乏活泼之感。在公共空间设计中，还有一种被称为"不对称的动态均衡手法"的设计也较为常见，即通过左右、前后等方面的综合考虑以求达到平衡的方法。这种方法往往能取得活泼自由的效果。

图 1-21 崇政殿内景

图 1-22 某会议厅内景

2. 韵律与节奏

现实生活中的许多事物或现象往往呈现出有秩序的重复或变化，这也常常可以激发起人们的美感，造成一种韵律，形成节奏感。在公共空间设计中，韵律的表现形式很多，常见的有以下几种。

（1）连续韵律。连续韵律是指以一种或几种要素连续重复排列，各要素之间保持恒定的关系与距离，可以无休止地连绵延长，往往给人以规整的强烈，如图 1-23 所示。

（2）渐变韵律。渐变韵律是指把连续重复的要素按照一定的秩序或规律逐渐变化，如逐渐加长或缩短、变宽或变窄、增大或减小等。渐变韵律往往能给人一种循序渐进的感觉或进而产生一定的空间导向性。如图 1-24 所示的布置，即为室内排列在一起的线状灯具所营造的渐变韵律，具有强烈的趣味感。

图 1-23 连续韵律的灯具布置

图 1-24 渐变韵律的灯具布置

（3）交错韵律。交错韵律是指把连续重复的要素相互交织、穿插，从而产生一种忽隐忽现的效果。如图 1-25 所示的法国奥尔塞艺术博物馆大厅的拱顶，雕饰件和镜板构成了交错韵律，增添了室内的古典气息。

（4）起伏韵律。起伏韵律是指将渐变韵律按一定的规律时而增加、时而减小，如波浪起伏般或具有不规则的节奏感。这种韵律常常比较活泼而富有运动感。图1-26所示为纽约埃弗逊美术馆旋转楼梯，它通过混凝土可塑性而形成的起伏韵律颇有动感。

图1-25　带有渐变韵律的灯具布置

图1-26　带有起伏韵律的旋转楼梯

3. 对比与微差

对比是指要素之间的显著差异；微差则是指要素之间的微小差异。当然，这两者之间的界线也很难确定，并非用简单的公式就能说明的。在图1-27中，加拿大汤姆逊音乐厅设计就运用了大量的圆形主题，因此，虽然在演奏厅上部设置了调节音质的各色吊挂，且它们的大小也不相同，但相同的主题可以整个室内空间保持风格的统一。

图1-27　加拿大汤姆逊音乐厅

4. 重点与一般

在公共空间设计中，重点与一般的关系很常见，较多的是运用轴线、体量、对称等手法达到主次分明的效果。图1-28所示为苏州网师园万卷堂内景，大厅采用对称的手法突出了墙面画轴、对联及艺术陈设，使之成为该厅堂的重点装饰。在图1-29所示的某酒店中庭内，布置了一个体量巨大的金属雕塑，使之成为该中庭空间的重点所在。

图1-28　苏州网师园万卷堂内景

图1-29　某酒店中庭

从心理学角度分析，人会对反复出现的外来刺激停止做出反应，这种现象在日常生活中十分普遍。例如，我们对日常的时钟走动声置之不理，对家电设备的响声也置之不顾。人的这些特征有助于人体健康，免得我们事事操心；但从另一方面看，却加重了设计师的任务。在设计"趣味中心"时，必须强调其新奇性与刺激性。

图 1-30 所示为某购物中心的共享大厅，它由玻璃及钢架组成，内部有纵横的廊桥、购物小亭、庭院般的灯具、郁郁葱葱的绿化，宛若大自然的庭院，最吸引人的是顶部的玻璃幕墙，色彩明快鲜艳，仿佛雨后彩虹当空的感觉，非常吸引人。又如图 1-31 中的 Happy Land 嗨贝天地武汉店（儿童乐园），故事脚本围绕概念"未来城市"进行构建，儿童视角下的奇幻乐园更像是跳脱乌托邦的完美体系，带着勇气和想象出发的一场探险之旅。

在图形化的未来景象里，小品将城市与广阔的交通网紧密连接在一起，城市里的植物和动物受特定磁场的影响产生了不同形态的变化。

图 1-30　某购物中心的共享大厅　　图 1-31　Happy Land 嗨贝天地武汉店（儿童乐园）

任务三　室内公共空间设计原则

创造具有文化价值的生活环境是室内公共空间设计的出发点，其涵盖的空间形式、使用目的和使用要求各不相同，但作为空间，其与其他空间是有四个共同特征，即功能性原则、艺术原则、环保适用原则、科技原则。

一、功能性原则

设计师在进行空间设计之前，首先应根据客户要求，分析空间的使用功能、使用类型，待确定它的使用功能之后，进行空间的再划分；其次，应根据空间的功能，对空间的墙面、地面、顶棚等进行处理。另外，空间布局、家具的陈设、储藏设置及采光、通风、管道等设备，必须合乎科学、合理的原则，为用户提供完善的生活效用。

二、艺术原则

　　室内公共空间设计在重视实用性的同时也要充分体现艺术性。室内公共空间设计的艺术性是指通过室内空间、界面设计及室内陈设等多元素的综合，给人以室内环境美的享受。同时，还要在空间设计上运用对比、融合、序列、组合等方法（图1-32）；在装饰形式上抽象地运用打散、重组、综合、构成等作为表现语言（图1-33和图1-34），创造性地使用不同民族和时期的装饰符号、装饰色彩。

图1-32　线性组合

图1-33　线性重组

图1-34　民族元素构成

三、环保适用原则

　　随着时代在发展，室内装饰材料也日益多样化，环保和适用成为人们的首要选择，而对构成室内环境的采光与照明、色调和色彩配置、材料质地和纹理，以及环境中的温度、相对湿度和气流、隔声、吸声（图1-35和图1-36）等的考虑都应周密。公共空间设计应注意：更好地利用现代科技成果进行绿色设计，充分协调和处理好自然环境与人工环境、光环境、热环境之间的关系（图1-37）；因地制宜，节约包括装修费用在内的投资，节约经营管理的成本，尽量减耗节能，向可持续的生态空间方向发展。

四、科技原则

　　随着社会的进步，室内公共空间设计所创造的新型室内环境对计算机控制、自动化、智能化等方面都提出了新的要求，室内设施设备从电器通信、新型装饰材料到五金配件等都具有较高的科技含量。同时，室内公共空间对人群的引导也要通过信息传递与交流来实现，如办公空间智能LED显示器、购物空间方位标识，餐饮空间中的自助点餐台、酒店空间中的指纹激活或视网膜扫描系统，都是为了提高用户的方便性及安全性等（图1-38）。

图1-35　餐饮空间

图1-36　娱乐、餐饮空间1

图1-37　娱乐、餐饮空间2

图1-38　办公空间中的科技应用

模块二 基础训练

学习目标

知识目标：

1. 了解空间的基本概念与空间类型。

2. 理解建筑不仅是物质存在，空间是有灵性与情感的。

3. 熟练掌握各类建筑空间建构的方法。

能力目标：

1. 能对空间进行组合与分割。

2. 能对不同功能分区进行设计。

3. 能对空间各界面进行装饰设计。

4. 能制订人的行为动线。

素养目标：

《管子·乘马》中提到："事者，生于虑，成于务"，从这段话中，学生应能理解相关道理，并可以将基础训练模块中的内容应用到实际工作中，提升自身的技能水平。

模块导入

本模块通过探讨室内公共空间设计的重要的知识范畴，为学生完善公共空间设计的"知识库"。随着经济的发展与科学的进步，人们对室内环境的要求越来越高。居住和生活环境要有一定的精神内涵和时代文化特色，这就是环境中的人文因素。工业文明所带来的现代设计使世界变得越来越相似，而文化也越来越趋于同一。人们在经历了后现代主义诸多思潮与流派的冲击和洗礼后，思维逐渐明晰，因此在传统中探寻本地与地域设计元素的道路被越来越多的设计师青睐。

任务一　公共空间设计类型与程序

　　创新不仅是时代的需求，也是未来公共空间设计的本质要求。在一切艺术创作中，创新都是一个永恒的课题，没有创新就没有发展。本任务旨在使学生在今后的设计中运用科学的设计方法，坚持相关的设计原则，运用创新思维，开拓新的思路，寻找新的题材，发掘新的艺术表现形式。

一、公共空间设计定义和演化

　　公共空间设计是根据建筑物的使用性质、所处环境和相应标准，运用物质技术手段和建筑美学原理，创造功能合理、舒适优美，满足人们物质和精神生活需要的室内环境。这一空间环境既具有使用价值，满足相应的功能要求，也反映了历史文脉、建筑风格、环境气氛等精神因素。上述含义明确地把"创造满足人们物质和精神生活需要的室内环境"作为公共空间设计的目的，即以人为本，一切围绕着为人的生活、生产活动创造美好的室内环境。同时，公共空间设计中，从整体上把握设计对象的依据因素：使用性质——建筑物和室内空间用于什么功能的使用；所在场所——建筑物和室内空间的周围环境状况；经济投入——相应工程项目的总投资和单方造价标准的控制。

　　设计师进行设计构思时，不仅需要运用物质技术手段，即各类装饰材料和设施设备等，还需要遵循建筑美学原理，这是因为公共空间设计具有艺术性，除应具有与绘画、雕塑等艺术之间共同的美学原则（如对称、均衡、比例、节奏等）外，作为"建筑美学"，更需要综合考虑使用功能、结构施工、材料设备、造价标准等多种因素。建筑美学总是和实用、技术、经济等因素联结在一起，这是它有别于绘画、雕塑等纯艺术的差异所在。现代公共空间设计既有很高的艺术性要求，其设计内容又有很高的技术含量，还与一些新兴学科（如人体工程学、环境心理学、环境物理学等）关系极为密切。现代公共空间设计已经在环境设计系列中发展成为独立的新兴学科。对公共空间设计含义的理解，以及它与建筑设计的关系，要从不同的视角、不同的侧重点来分析。许多学者在这方面都有不少深刻见解，值得我们仔细思考和借鉴，例如，他们认为公共空间设计是"建筑设计的继续和深化、室内空间和环境的再创造"，认为公共空间设计是"建筑的灵魂、人与环境的联系、人类艺术与物质文明的结合"（图 2-1 ~ 图 2-3）。

图 2-1　幼儿园空间设计

图 2-2 公共阅览空间　　　　　　　　　　　　图 2-3 某酒店内部实景

我国前辈建筑师戴念慈先生认为，"建筑设计的出发点和着眼点是内涵的建筑空间，把空间效果作为建筑艺术追求的目标，而界面、门窗是构成空间必要的从属部分。从属部分是构成空间的物质基础，并对内涵空间使用的观感起决定性作用，然而毕竟是从属部分。至于外形只是构成内涵空间的必然结果。"

建筑大师普拉特纳则认为公共空间设计"比设计包容这些内部空间的建筑物要困难得多"，这是因为在室内"你必须更多地同人打交道，研究人们的心理因素，以及如何能使他们感到舒适、兴奋。经验证明，这比同结构、建筑体系打交道要费心得多，也要求有更加专门的训练"。美国前公共空间设计师协会主席亚当指出："公共空间设计涉及的工作比单纯的装饰广泛得多，他们关心的范围已扩展到生活的每一方面，如住宅、办公、旅馆、餐厅的设计，提高劳动生产率；无障碍设计，编制防火规范和节能指标，提高医院、图书馆、学校和其他公共设施的使用率。总之一句话，给予各种处在室内环境中的人以舒适和安全。"白俄罗斯建筑师 E. 巴诺玛列娃认为，公共空间设计是设计"具有视觉限定的人工环境，以满足生理和精神上的要求，保障生活、生产活动的需求"，公共空间设计也是"功能、空间形体、工程技术、艺术的相互依存和紧密结合"。

室内装饰、装修和设计室内装饰或装潢、室内装修、公共空间设计是几个通常为人们所认同的，但内在含义实际上是有所区别的词义。

（1）室内装饰或装潢（Interior Ornament Decoration）：装饰和装潢的原义是指"器物或商品外表的修饰"，着重从外表的、视觉艺术的角度来探讨和研究问题。例如，其包括对室内地面、墙面、顶棚等各界面的处理，装饰材料的选用，也可能包括对家具、灯具、陈设、小品的选用、配置和设计。

（2）室内装修（Interior Finishing）：其中的"Finishing"有最终完成的含义，室内装修着重于工程技术、施工工艺和构造做法等方面，其主要是指土建工程施工完成之后，对于室内的门窗、隔断等进行的最终的装修工程。

（3）公共空间设计（Public Space Design）：现代公共空间设计是综合的室内环境设计，既包括视觉环境和工程技术方面的问题，也包括声、光、热等物理环境，以及氛围、意境等心理环境和文化内涵等内容。

二、公共空间设计类型

根据建筑物的使用功能，公共空间设计可分为以下两个类型。

1. 居住建筑公共空间设计

居住建筑公共空间设计主要涉及住宅、公寓和宿舍的公共空间设计，具体包括前室、起居室、餐厅、书房、工作室、卧室、厨房和浴厕。

2. 公共建筑公共空间设计

（1）文教建筑公共空间设计：主要涉及幼儿园、学校、图书馆、科研楼的公共空间设计，具体包括门厅、过厅、中庭、教室、活动室、阅览室、实验室、机房等。

（2）医疗建筑公共空间设计：主要涉及医院、社区诊所、疗养院的建筑公共空间设计，具体包括门诊室、检查室、手术室和病房。

（3）办公建筑公共空间设计：主要涉及行政办公楼和商业办公楼内部的办公室、会议室及报告厅。

（4）商业建筑公共空间设计：主要涉及商场、便利店、餐饮建筑的公共空间设计，具体包括营业厅、专卖店、酒吧、茶室、餐厅。

（5）展览建筑公共空间设计：主要涉及各种美术馆、展览馆和博物馆的公共空间设计，具体包括展厅和展廊。

（6）娱乐建筑公共空间设计：主要涉及各种舞厅、歌厅、KTV、游戏厅。

（7）体育建筑公共空间设计：主要涉及各种类型的体育馆、游泳馆的公共空间设计，具体包括用于不同体育项目的比赛和训练及配套的辅助用房。

三、公共空间设计程序

公共空间设计教育在国内的发展已有几十年，培养出了大批优秀设计从业人员，而且经过大量的设计教育实践，已经逐渐形成了一些先进的设计模式和设计程序。公共空间设计是一项实践性、操作性很强的专业活动，经过多年的设计实践和积累，人类已具备了丰富的设计经验和方法。从20世纪80年代中央工艺美术学院成立公共空间设计专业以来，过去的公共空间设计理论和经验已经上升为设计学科的一部分。在设计学科中，设计方法及程序是最具实践性的理论。这些方法和理论具有普遍性，它们是发展和变化着的，对于不同的设计项目、条件和要求的设计方法可能有所不同，这需要设计人员根据实际情况选择、确定，并加以改变和创新。公共空间设计程序是设计实施的一个过程，每一个设计都有自己的程序，但和设计手法又有一定的联系，即设计程序和设计方法往往是相适应的。设计程序因设计任务、目的、方法、条件及设计人员的状况有所不同，从而产生较大差异。公共空间设计程序包括资料准备阶段、设计思考阶段、初步设计阶段、设计表现阶段。

1. 资料准备阶段

资料准备阶段是一切工作的基础，只有基于准确的市场调查基础，设计人员才可能有的放矢，设计出可以真正解决问题并满足客户需求的作品。设计人员收集与分析资料的目的在于尽量从局部或有限的素材中提取更多的设计思维信息，并通过思考进行综合与归纳整理，将其变成创意、技巧与手法的组成部分。在公共空间设计中，设计任务条件主要来自客户方面和建筑与空间方面。基于客户方面的条件包括市场需求、场所性质、客户分析、地点分析、经营方式、企业理念；基于建筑与空间方面的条件包括设计范围、空间面积、高度、建筑物分析、空间的功能及设备。这些都需要到现场进行实地测量，利用各种设备对空间的面积、高度、空间结构进行资料采集。通过有效的图像信息处理方法，让如同浮光掠影般在我们眼前流逝的图像能够留下足够的印象为我所用，为设计提供线索。只有深入调查研究这两方面的因素，才有可能便于与客户沟通。以上这些也是方案设计阶段建议书所涵盖的内容。另外，设计师帮助客户做投资分析也十分有必要，还要对场所的特定性

4. 设计表现阶段

依据上述的程序逐步地深入构思设计方案，在特定公共空间设计概念基本确立之后，设计方案的制订与表现就成了关键的环节。设计方案的制订实际上是一个概念精确表达的过程，要将设计者已形成的设计概念通过图形、文字、实物资料，包括口头的语言，综合地展现给客户。在方案表达阶段可能提出新的设计条件，同时会改变一些设计要求。在此情况下，再返回到各流程进行反复推敲，直到客户满意并认为可行为止。概念设计阶段的草图一般都是设计者自我交流的意向图，只要求表达清楚设计者能看懂的空间信息，并不在乎图面效果表现的好坏。而设计概念确立后的方案图表现则是另一种概念。在这里方案图表现有其双重作用：一方面，它是设计概念的进一步深化；另一方面，它又是设计表现最关键的环节，设计者头脑中的空间构思最终要通过方案表现图呈现给客户。视觉形象信息准确无误的传递对于方案表现具有非常重要的意义，因此，平面、立面、剖面图要绘制精确，符合国家相关制图规范；透视图要能真实地再现室内空间情况，可以根据设计内容的需要采取不同的设计表现技法，以达到方案的最佳展示效果。

公共空间设计是一个比较复杂的设计体系，本身具有科学、艺术、功能、审美等多元化要素，在理论体系与设计实践中涉及相当多的技术与艺术门类，在整个设计过程中要求以多元化的设计思维贯穿始终。因此，在设计表现阶段要注重概念草图与平面草图相结合，设计出具有艺术氛围的室内空间，设计师不仅要绘制施工图和效果图，还要准确标示表现板、模型、材料明细表、色标等（图2-7）。

图2-7 空间构思效果图

5. 公共空间设计表现形式

室内艺术设计是一门应用型学科，室内艺术不是设计师的纯感性幻想，而是要求经过理性分析，采用合理可行的方法，设计出符合人们需求的公共空间设计作品。这种将设计概念转换成可视成果的技术，即环境设计的表现。要想具备这样的设计表现能力，必须学习专业知识，并进行实践。设计者不仅要具备良好的绘图技能，而且还要拥有丰富的空间想象能力，如此才能展示作品的真实性，让观众产生共鸣。随着科技的发展、技术的进步，公共空间设计的表现形式已经变得越来越多样化，不再以传统的手绘形式为主，而是以多种形式并存，实现共同发展。

（1）手绘表现形式。手绘表现形式是指设计师将设计理念、设计思想经过徒手绘图表达出来。绘制过程要遵循设计制图规范和透视原理，使画面更真实，不仅要能展现二维视觉效果，还要呈现出三维立体的视觉效果（图2-8和图2-9）。手绘表现有以下两种主要形式：

1）快速手绘表现形式。快速手绘表现形式主要用来表现设计师的理念和想法，甚至是转瞬即逝的想法，这种表现形式不但可以快速勾勒画面，记录和捕捉设计师的灵感，而且可以修改和补充设计思路。

2）完整手绘表现形式。完整的手绘表现形式可以更精确、真实地展示设计效果，但其消耗的体力和时间更多，不利于修改，而且对绘制图有更高的透视要求。

图 2-8　艺术家马克笔速写手绘作品

图 2-9　张志明的钢笔手绘建筑效果

（2）模型表现形式。模型表现形式是指按一定的比例，利用多种工具、材料和方法，将二维图形转化为三维立体形态。观看者可以从中感受到真实的立体视觉效果。模型表现形式不仅直观真实，也可以让设计人员能够进一步验证设计方案的可行性与合理性。在建立模型空间的过程中，能够直观看到建筑细节和整体的协调关系、外观及内部结构之间的关系，便于在推敲模型的过程中校正一些二维图形中看不到的问题。但是，由于模型制作时间较长，且对于人力、物力、财力消耗均较大，没有被广泛使用（图 2-10）。

图 2-10 公共空间设计软件模型表现

（3）计算机表现形式。随着科学技术的发展，计算机已经在设计中广泛应用，设计师的设计构思可以通过计算机技术来实现。设计软件的种类越来越多，在不同的领域为设计人员提供了更多的便利。计算机在环境艺术设计中的应用减轻了设计人员的负担，缩短了设计周期，也不同程度地提高了设计质量，同时准确、真实地展示了设计师的作品，使客户能以更直观的方式感受设计效果，还能有效地帮助设计师进行修改和调整设计方案，更有利于设计信息的管理和维护（图 2-11 和图 2-12）。

图 2-11 计算机制作的效果图

图 2-12 计算机绘制出的立面

（4）虚拟现实表现形式。虽然模型和计算机的表现形式被广泛应用，但仍存在一些缺点，直到虚拟现实表现形式进入环境艺术设计领域。虚拟现实的出现解决了室内和室外建筑效果图的局限性，完成了由静态形式向动态形式的转化，使人们能够以动态的方式来观察整个设计，仿若身临其境。最重要的是，虚拟现实表现形式可以通过切换不同的程序来比较各种不同的环境效果；同时，其也具有真实性、参与性和互动性。

任务二　基础资料评估

公共空间设计成功与否的评价标准是以能否满足了人们对环境的要求为前提的，其中，对人的生理及心理的影响都是应该被关注的要素。公共空间设计的评估标准可以归纳为很多要点，每一要点都是影响使用者感受的关键因素，深入了解评估的要素，知彼知己，是一个成熟的设计师需要具备的能力。另外，本任务就创新的相关理论做了详细探究，表明了创新是一种能力，也是对知识应用的体现。

一、评估标准

公共空间设计评估标准可以归纳为以下几点：

（1）实用功能。其要求环境场所内各使用空间布局清晰、视线畅通、交通交往方便、易于维护管理等；要求将环境场所内的小气候、采光、噪声、污染、密度等控制在适当的范围内，从而减轻环境压力（图2-13）。

（2）美学要求。其要求景观优美，空间、造型形式丰富；环境场所的各个构成要素之间、要素与整体之间、场所内外之间要取得空间和时间上的和谐感与延续感，形象生动鲜明，富有个性化特征（图2-14）。

图2-13　长空茶语　　　　　　　　图2-14　社区公共广场设计

（3）文化意义。公共空间设计具有纪念意义。公共空间设计集中展现了不同时期人类社会的物质和精神生活情况，它为人们提供的不仅是物质的环境，而且提供了重要的精神、社会和心理的环境。随着环境意识的提高和环境设计学科的兴起，人们更加关注自身居住环境的精神内涵和历史文化气质，以及城市环境文化形式上的构成与自身精神及行为之间的关系等问题（图2-15）。

图 2-15　具有纪念意义的广场

二、评估方法

1. 主观评估

（1）公共空间设计的创造性评价。创造性是评价一个环境艺术设计的重要标准，设计师要在其设计作品中体现出其创造性。历史证明人类文明和社会发展的进步是从打破旧秩序、创造新秩序而来。如果一个好的设计缺乏创新，在这样一个竞争激烈的市场经济时代很容易被淘汰（图 2-16）。

图 2-16　老城堡创新性改造中体现的新自然城市空间

（2）公共空间设计的美学评价。美学评价包括视觉、心理体验、文化等方面的评价，是一个非常重要且备受关注的评价标准，也是一个具有争议性的指标，因为审美很难量化。如今人们对于视觉形象过多地关注，从而忽视了其他指标，这种现状值得我们思考和讨论。如果实施未经设计或设计不佳的方案，不仅浪费人力、物力，而且在建成后得不到人们的喜欢，还会造成"设计污染"；如果经过设计、变化结构、更新颜色、增加适当的装饰，不仅能降低成本，而且十分实用，这就是设计的力量。室内艺术设计是一个技术与艺术相结合的创造性活动，抽象的雕塑、中空的金属壁画、卡通造型的座位区、国家体育场这些环境的魅力在于精妙的设计。它们是外观、功能、材料、艺术风格及生产技术等许多方面完美结合的产物。如今，深奥的、冗长的说明书式的解说方案已经失去了竞争力，艺术的美学形态需要经过大众化的解读才能变得通俗易懂、易于观赏。只有人性化、个性化、简洁而艺术环境强烈的设计才会受到青睐。

2. 客观评估

（1）室内艺术设计的客观性评价。客观性的公共空间设计应当至少具备以下特征：

1）方便性：除让使用者感到方便外，还应有助于空间的管理者实行各种计划（图2-17）。

2）使用率：在预期的设计使用时段内，能吸引尽可能多的人群。这一点在公共室内环境的设计中尤为重要。

3）可达性：位置应处于潜在使用者易于接近并能看到的位置（图2-18）。

图2-17　室内人性化设计　　　　　　图2-18　公共空间设计的可达性设计

4）识别性：明确传达该场所可以被使用或该场所就是让人使用的信息。

5）公众参与性：通过某些形式让人们融入该环境（图2-19）。

6）情绪调节功能：在合适的时间、地点，该设计能给人们提供缓解生活压力的调剂方式，有利于使用者的身体健康和情绪安定（图2-20）。

7）抗干扰：保证在环境中的人群不会干扰其他群体活动或被别人干扰。

图2-19　公共空间设计的公众参与性　　　　图2-20　公共空间设计色彩的情绪调节

8）全面关怀：应让儿童、老年人、残疾人也能使用，尤其是残疾人，他们是更应被社会关注的群体。

9）舒适性：考虑使用者在频繁使用该产品时所涉及的不同使用环境因素。

中的情趣，使人们在欣赏环境设计时，引发不同的联想。另外，由于不同年龄、不同文化程度、不同信仰的人，对环境设计的理解和感受也不一样，环境设计的含蓄性可以引发人们不同的遐思。因此，应该在创新环境设计中有效地使用含蓄美，继承和发扬传统文化中的含蓄性，从而达到更加完美的艺术效果（图2-26和图2-27）。

图 2-26　餐饮空间实景　　　　　　　　图 2-27　主题餐厅

3. 应遵循自然美的风格，不应该违背自然

随着经济的不断发展及人们环境意识的不断增强，自然环境问题越来越受到人们的关注，环境设计必须以保护环境为基础，不能以损害环境为代价。从处理人与自然的关系上看，要建立起人与自然的和谐关系，就要有可持续发展的观念，在不破坏生态环境、不对资源进行掠夺性开发、不对环境造成污染的基础上，实现人居环境质量的提高，并将这一思想贯彻到环境设计的全过程。在环境设计中，必须注重艺术与环境保护相结合，而创新设计要注重回归技术的表达，必须要做到美感与自然环境平衡，实现人们对于自然美的追求，更深层次地表现情感与现实的统一。

4. 突出民族性，表现民族文化风格

在创新思维理念的环境设计中，一定要传承、继承和发扬民族文化，在合理的基础上进行民族文化的有效创新。民族文化一直是热门话题，尤其是在全球化的今天，民族文化越来越受到人们的关注。在世界多民族文化的氛围中，环境设计应注意表现民族文化，注重民族文化的风格和特色，注重塑造民族的气质和个性，在设计理念上突出民族特色，挖掘内在的蕴意和民族文化精华，挖掘题材的可塑性，在创新设计中重点塑造和渲染国家的传统文化，用通俗的表达、巧妙的表现风格来体现民族文化。在表现民族文化风格时，创新思维的概念、民族文化和社会现实的发展可以有机结合。在某些环境设计中，设计师通常根据当地的民族风俗习惯，体现民族审美理想和审美需求，从中西的建筑、文学、戏剧、音乐、绘画等各类的比较中，得出不同的艺术风格。这样，不仅可以使人感受到一种民族亲切感，增加了民族气息，还烘托了环境氛围，营造了民族文化风格的环境色彩，因此在传统文化基础上实现了有效的创新。

二、创新设计一般程序

从公共空间设计的程序来看，公共空间设计的创新往往都体现在某个特定阶段，而每个阶段需面临的问题也不尽相同。因此，讨论公共空间设计创新程序，需要建立在对环境设计方案的各个阶段之中，建立在工作流程和设计内容的基础之上，旨在突出各阶段中创新的不同内容。公共空间设计创新的程序一般分为创新冲动、创新目标拟定、创新手段选择、创新设计、创新评价五个阶段。

1. 创新冲动

创新冲动是公共空间设计程序的第一阶段，这个阶段是创新前期的准备阶段，创新的冲动蕴含在资料的收集整理当中。设计准备阶段的工作主要是明确设计任务，收集相关资料，对现场进行分析和测量，并对相关法规、规范及市场和业主需求进行咨询。在创新开始前，一种创新的欲望会打破旧的秩序和传统束缚，创造新的元素、新的组合，这种创新冲动在设计伊始就迸发出来，热情和灵感也将一并投入继续创新中。没有了创新的冲动，就不可能有创新的意识，也就不会产生有意义的创新。

2. 创新目标拟定

迫切的创新意愿形成以后，需要建立起具体的创新目标。创新目标拟定阶段一般对应于环境设计方案的初步设计阶段。这一阶段创新主体通过收集相关数据进行分析并进行图像形式创作。这是创新主体性的第一次体现，是面对丰富数据和复杂需求的创新实现。设计程序包含绘制概念草图、撰写计划书和编写概括性设计说明三个步骤。在这些程序中，分析完用户需求后，设计师可以提出各种目标，最后选择一个或多个创新目标作为最终方案，然后选择具体实现目标的创新手段。

3. 创新手段选择

创新手段选择阶段是在创新目标决定后，主体进行创新设计的又一重要阶段。在制订创新目标后，需要考虑其实施手段。公共空间设计创新手段可以在一般环境设计方法的基础上，加入创新的内容，目的是实现目标服务创新。创新主要的手段有空间手段、造型手段、材料手段、色彩表现手段等。在一些公共空间设计中，设计师采用悬挂在空间环境中的保护材料来进行仿生形象设计，既是对传统的挑战，又是一种新的设计理念和生活方式，使用户一走进这个室内空间，就会被特色的空间设计吸引，这种方法打破了传统的单纯依靠室内表面装饰的设计方式。可见，创新手段的选择对于实现创新设计起着重要的作用，选择什么样的手段在很大程度上决定了创新的成败。有时意想不到的空间效应，就会造成创新的不确定性，而这也正是创新的魅力所在（图2-28和图2-29）。

图 2-28　杭州曲水兰亭度假酒店走廊

图 2-29　会议室

4. 创新设计

创新设计阶段就是整合所选择的创新手段，对创新目标和现有条件进行重组的过程。

极简主义风格的设计师表达的设计思想是力图将装饰减至最少，在空间上着力表现一种充满逻辑的理性特征。这意味着选择的创新手段必须依靠几何形体、一些材料间的对比，以及精细的结构工艺、单纯用色和大量的自然光技术，创造出安静的生活氛围。综合使用这些创新手段，互为补充。尤其是在一些公共空间设计中，使用落地窗等新式材料，可以将室外的树木和其他自然景观融入室内，形成一幅风景画，增加室内的生活意境。设计师对于组合材料的使用也包含了各种各样的创新手段，除考虑颜色、工艺外，也需要注意线条方向的对比，使生活空间增加丰富的层次感和视觉体验。如图 2-30 所示，楼梯的颜色与整个室内的色调和谐统一，并且造型简洁，充满了现代感。

5. 创新评价

公共空间设计创新程序的创新评价过程，涉及创新设计后的传播与改进过程，对应设计程序的后期实施阶段。在这个阶段，需要进行的工作是后期的现场监督和家具及陈设物的选择指导工作。创新评价可以把创新、创新后改进、创新扩散这三个层面的组合比喻成一个立体的金字塔结构。其中，具有"原创、开拓"含义的创新，是最高级的，但通常是少量的，处于金字塔的高端；创新后改进，是对原创性的改善与补充，处于金字塔的中端；创新扩散可被广泛吸收与运用，相对简单，数量最多，处于金字塔的末端，改进与扩散部分可统称为环境设计创新后的创新评价阶段。这个阶段的任务通常是对创新的补充、改进，以及吸收和运用。当设计师对室内空间的结构、构造、界面及装饰进行设计之后，需要保证设计的实现及实施的最大和最佳效果。另外，还要引导选择适当的陈设进行展示。创新评价是一个二次创新的过程（图 2-31）。

图 2-30　创意楼梯　　　　　　　　　　　　　图 2-31　展厅

三、创新设计基本方法

公共空间设计不仅应具有严格的逻辑程序，还必须遵照科学的方法来进行。创新是创新主体进行创造性思维的过程，头脑中的观念性创新必须通过一定的方式方法并借助于一定的媒介，才能转化为现实中的创新成果。创新是一个解决问题的过程。环境设计的创新过程是复杂的、系统的、非线性的，创新思维的方法也是多种多样的。以下列举了几种以非逻辑思维为主的创新方法，包括联想创新方法、侧向创新方法、直觉创新方法、移植创新方法及图解创新方法（图 2-32 和图 2-33）。

图 2-32 体现关联性的书房设计

图 2-33 走廊

1. 联想创新方法

联想是艺术创造性思维的基础。联想是指由一事物的形象、词语或动作想到另一事物的形象、词语或动作。联想思维一般分为两种，即开环联想和闭环联想。开环联想的特点就是联想的双方具有共同的某项特征，但是相隔的两项不一定有共同的特征；闭环联想是一种联想受一种主要的情绪控制，形成一个封闭的循环，在这个意义上，一般将自由联想称为开环联想，而称这种联想为闭环联想。对于公共空间设计这种应用艺术来说，联想思维大多表现为基本图案和形状，正是基本的图案或形状推动、指引着艺术品的发展。

2. 侧向创新方法

侧向创新方法是利用外部信息来解决问题或产生新的思维方法的方法。这些外部信息可以在人与人之间产生，也可以在人与物、人与自然之间产生。由此看来，人们可以从客观存在的所有领域中发现艺术创作的源泉。侧向思维不像联想思维的信息范畴，属于"外部领域"，而侧向思维信息本身似乎是不相关的或难以理解的。想要从复杂的外部抽象信息中找出真正的需要，就必须带着一定的问题思考，这就要求创新主体拥有深厚的艺术修养和广阔的思维领域。

3. 直觉创新方法

直觉创新方法又称为灵感思维创新方法，是指创新思维的产生依靠灵感的瞬间萌发。与其他思维方式相比，直觉创新方法与联想创新方法有一定的相似性，体现在两者都是由联想引发的，实现直觉思维的常用方法就是联想。不同的是，联想思维中想象的个体之间具有相同的特点，在外形、颜色、功能等特征上都体现出一些相似性；而直觉思维中处于表象中的事物与想象的事物从表面上看也许没有任何关联，思维从表象到想象的转化，很可能来源于创新主体个人经历的某一场景。所以，联想思维和直觉思维都是基于认知结构，建立在对前面的事物认识的基础上的，联想思维的认知更形象，直觉思维的认知更抽象。直觉创新方法从表面上看是非理智的灵感闪现，实际上在非理智中却潜伏着理智的逻辑基础，即创新主体长时间自觉的经验积累的结果，其心理特征体现了创新主体的受教育过程和受教育程度。

4. 移植创新方法

移植创新就是"把一个已知对象中的概念、原理、方法、内容或部件等运用或迁移到另一个待研究的对象之中，从而使研究对象产生新的突破而导致创造"。在这个层面上来说，移植创新方法的概念与创造学提出的概念类似，可以解释公共空间设计创新活动中移植创新方法的概念。公共空间设计的移植创新方法是指将某一事物的原理、结构、方法、材料等元素移植到新的载体，用来变革和创造新事物的创新技法。

5. 图解创新方法

图解创新方法既是一种思维方法，也是一种表达方法。简而言之，图解创新方法就是借助各种不同的工具绘制不同的图形，并对其进行分析的思维方法。因此可以说，以上介绍的几种创新方法最后都要以图解的形式表达出来。所以，针对环境设计的专业特点，图解创新方法是最主要的，也是应用最多的方法。在公共空间设计语言中，图解创新方法是首选的方法，图形是专业沟通的最佳方式，是自我交谈和与他人交谈的媒介。在设计师思考的同时，新颖和非常规的解决方案也会在大脑中形成，并通过速写的形式反映在图纸之上，再反复修改和选择方案，又反馈给大脑。设计师在这一连续循环的过程中产生了大量的可能性，最后通过与他人的沟通来纠正这些可能性，于是，创新的解决方案就以图解的方式呈现出来了。

模块三 | 项目实训

学习目标

知识目标:

1. 了解公共空间设计程序。

2. 熟悉公共空间设计的多种类型与设计方法。

3. 掌握公共空间设计的诸多要素,运用这些要素的方法,创造出舒适的环境,提高工作效率。

能力目标:

1. 能运用多种方式进行方案设计。

2. 能绘制平面图纸。

3. 能绘制效果图。

4. 能编制方案设计书。

素养目标:

《礼记·中庸》中提到"凡事预则立,不预则废",从这句话中,学生应能理解相关道理,并能将其应用到实际工作中,提升自身的技能素养。

模块导入

本模块通过四个任务对公共空间设计综合实践相关理论进行分析和解读,通过类型与设计的介绍、设计与实践的讲述、设计相关知识及设计任务的讲解来完成本模块知识的学习。本模块要求学生打破传统设计理念,放开思维,创新设计。随着社会的发展,空间也不断地向更高级、更有机化方向发展。这就要求学生能根据物质和精神功能的双重要求,思考设计现代公共空间的新理念。

任务一 办公空间设计

课件：办公空间设计

知识目标

通过本任务学习，学生应掌握办公空间设计的诸多要素，学会运用这些要素，创造出舒适的环境，提高工作效率。

能力目标

1. 能根据甲方要求制订办公空间的分区及布局方案。
2. 能根据甲方企业文化确定公司类型、色彩及光环境方案。
3. 能根据布局及方案选择不同家具类型及软装方案。

素养目标

老子曰："合抱之木，生于毫末；九层之台，起于累土；千里之行，始于足下"，因此，我们在实际方案设计中要有坚强的毅力，从小事做起，培养自身的技能素养。

任务导入

本任务主要讲述办公空间的概念、基本构成、设计步骤，办公空间的性质分类等，重点阐述了办公空间的功能与方案设计。

一、办公空间概述

办公空间是指为满足人们办公需求而提供的工作环境。它不是单指办公室之类的孤立空间，而是相对于"商业空间""娱乐空间""家居空间"等供机关、企业、事业单位等办理行政事务和从事业务活动的办公环境系统。办公空间可以根据其业务性质和布局形式分类。

1. 按办公空间的业务性质分类

办公空间根据业务性质可以分为表 3-1 中的 4 类。

表 3-1 按业务性质分类

办公空间类型	办公类型	设计特点
行政办公空间	党政机关、事业单位	朴实、大方、时代感
商业办公空间	工商业、服务业	豪华装修，注重形象
专业性办公空间	设计机构、金融业、保险业	专业品牌性强，注重企业文化
综合性办公空间	公寓、旅游业、商业和展览	前卫、个性，受建筑风格影响

（1）行政办公空间（党政机关、事业单位等）。行政办公空间具有办公独立性、办公部门繁多等特点，具有严肃、认真、稳重但不呆板、保守的形象特征，设计风格以朴实、大方和实用为主，可适当体现时代感（图3-1）。

（2）商业办公空间（工商业、服务业等）。商业办公空间具有强烈的行业性质，注重企业形象。因设计风格方面要给客户树立足够的信心，所以，其装修要豪华讲究、注重形象展示等（图3-2）。

图3-1　行政办公室　　　　　　　　　图3-2　公司办公大厅

（3）专业性办公空间（设计机构、金融业、保险业等）。专业性办公空间具有较强的专业性，在实现专业功能的同时，也要注意体现公司特有的品牌形象。此类型办公空间大部分具有面对客户的办公大厅，设计这类办公空间时要注意办公的效率性、客户等待的舒适性等（图3-3）。

图3-3　公司接待大厅

（4）综合性办公空间。综合性办公空间以办公空间为主，还包含公寓、旅游业、商业和展览等空间场所，属于后期发展起来的办公空间。其风格前卫化、个性化，装饰风格受建筑风格和周围环境的影响（图3-4和图3-5）。

图3-4　深圳一境生活办公室　　　　　图3-5　北京节奏新型办公室

2. 按办公空间的布局形式分类

办公空间根据布局形式可以分为表3-2中的5类。

表3-2　依据办公空间布局分类

办公空间类别	办公类型	布局特点
单间式办公空间	政府部门或事业单位	私密性强、空间独立
单元式办公空间	企业单位	会客、办公、盥洗功能兼具
开敞式办公空间	银行、证券公司	半隔断、私密性差、沟通方便
公寓式办公空间	小型企业单位	办公、用餐、盥洗、居住功能兼具
景观式办公空间	设计公司、新型企业	家具摆放随意、用绿植分隔空间

（1）单间式办公空间（政府部门或事业单位）。单间式办公空间多为单间式布局，各个空间独立，互不干扰。根据不同的间隔材料，该空间又可分为全封闭式、透明式、半透明式等。封闭式的办公空间具有较高的保密性；透明式的办公空间具有较好的采光，同时也便于各部门相互监督和协作。

（2）单元式办公空间（企业单位）。单元式办公空间内部可以分隔为接待会客、办公等空间；根据功能需要和建筑设施的情况，单元式办公空间还可设置会议、盥洗等用房。单元式办公空间在出租办公楼的内部空间设计与布局中占很大比例（图3-6）。

图3-6　办公空间设计

（3）开敞式办公空间（银行、证券公司等）。开敞式办公空间常采用矮挡板将一个大空间分隔成若干个小空间，既便于职员之间联系，又可以互相监督，节省空间和装修费用。另外，其常采用半透明轻质隔断隔出高层领导办公室、接待室、会议室等，这样可以在保证一定私密性的同时，又与大空间保持联系（图3-7）。

（4）公寓式办公空间（小型企业单位）。公寓式办公空间类似住宅公寓，除办公外，还提供盥洗、就寝、用餐等功能，给办公人员提供方便（图3-8）。

图3-7　开敞式办公空间

图3-8　公寓式办公空间

（5）景观办公空间（设计公司、新型企业等）。景观办公空间的特点是在空间布局上创造出一种非理性、自在心态的空间形式，营造心情舒畅的工作环境。其主要采用不规则的桌子摆放方式，室内色彩多以和谐、淡雅为主，并以盆栽植物和较矮的屏风、橱柜等进行空间分割。

二、办公空间基本构成

根据使用功能、流线布局等，大部分办公空间可分为大厅区域、办公区域、过道区域和服务区域四大区域。

1. 大厅区域

大厅是客户出入的必经之地和第一个空间，是直接向外来人员展示企业文化和机构特征的场所，也为外来访客提供咨询、休息等候等服务；同时，大厅是通向公司其他主要公共空间的交通中心，也是连接对外交流、会议和内部办公的枢纽，其设计、布局及所营造出的独特氛围，将直接影响公司的形象及其本身功能的发挥。

大厅是整个办公空间中设计量较大、含金量较高的空间。根据办公类型的不同，大厅可分为以接待前台为主的办公大厅（图3-9）和面对客户的办公大厅（图3-10）两个部分。

图 3-9　以接待前台为主的办公大厅　　　　图 3-10　面对客户的办公大厅

以接待前台为主的办公大厅应遵循"以客户为中心"的设计理念，结合企业文化、投资规模、建筑结构等方面，决定大厅的空间布局和整体风格；最主要是体现在公司的设计元素上面，尤其是Logo的设计，可以在多处展现，从而加深客户的印象。

以面对客户为主的办公大厅空间应遵循"以效率为中心"的设计理念，根据办公流程及性质合理规划布局，体现该办公空间的稳重、严肃、高效率的设计风格。

为满足上述两种办公大厅功能的需求，设计师应注意以下几个方面问题。

（1）空间关系的布局。以接待前台为主的办公大厅应注意对前台的规划性，主要体现对企业文化的宣传、客人的休息、接待三大空间的规划；以面对客户为主的办公大厅应该注意对办公区域、客户等待、前台咨询三大空间的规划。

（2）家具及陈设布置、设备安排。以接待前台为主的办公大厅应注意接待前台的造型和装饰背景墙的墙面陈设，接待前台多为长方、弧线的造型，装饰背景墙多为浮雕、灯饰等立体饰物，力求更好地展示企业文化（图3-11、

图 3-11　接待大厅

图 3-12）；以面对客户为主的办公大厅多设置洽谈业务或等候的圆桌、沙发椅、连排椅、咨询台，以及查询服务的柜机等（图 3-13）。

图 3-12　某公司接待大厅　　　　　　　　　图 3-13　上海宝业中心接待大厅

（3）大堂采光及照明。大厅空间的设计首先要考虑自然采光保持足够亮度，在建筑本身不能满足足够自然采光的情况下，设计师需考虑足够的人工照明。

（4）室内绿化。室内绿化是办公空间不可或缺的组成元素，一方面可以组织空间、引导空间；另一方面可以净化空气、增添生机，适合于企业和行政两种类型的大厅。同时，大厅区域是人员活动最频繁的地方，摆放植物会给进出人员带来愉悦感，与家具陈设相结合布置，组成有机的整体，可缓解疲劳，提高工作效率（图 3-14）。

图 3-14　绿化办公空间

（5）室内色彩。大厅空间的设计要通过色彩来创造美好的视觉效果，调整空间的氛围，以满足工作的需要。接待前台类型的办公大厅根据企业的性质可以选择一些标识性的色彩、造型，使其融入室内环境中，反映机构的文化和特征，强化设计冲击力，以成功引起客人的注意，如红色、黄色、蓝色等（图 3-15）。办公类型的大厅直接为客户长时间服务，为满足客户对色彩的舒适性需求，通常采用中性的、简洁明快的色彩搭配，如白色、浅灰色、米黄色等（图 3-16）。

2. 办公区域

根据工作人员的工作性质，办公区域大致分为管理层办公区域、一般员工办公区域、会议室等。

（1）管理层办公区域。管理层办公区域设计取决于管理人员的业务性质和接待客人等有关企业的决策方式，多采用独立的办公空间，有时也会安排在开敞式办公区域的一角，通过屏风或玻璃隔开，以便于他们相互间的信息交流。

图 3-15　游戏公司空间

图 3-16　政务办公大厅

　　管理层办公区域分为办公区和会客区两部分，根据管理职位的高低、办公面积的大小、装修档次的高低、采光条件的好坏等都有所区分，总面积不低于 10 m²。其由文件柜、办公桌、办公椅、客人椅组成；会客区由沙发、茶几、小会议桌等组成。空间及陈设设计应多体现管理者的个人爱好、品位，部分高层领导办公室还单独设置卧室和卫生间（图 3-17 和图 3-18）。

图 3-17　行政管理办公室

图 3-18　总裁 / 经理办公室

　　（2）一般员工办公区域。一般员工办公区域是针对多人使用的普通员工办公场所。在布置上，首先应考虑按照工作的顺序来安排每个人的位置及办公设备的位置，避免相互干扰；其次，室内的通道应布局合理，避免来回穿插及走动过多等问题出现。例如，对外洽谈人员的位置应靠近门厅和接待室门口；统计或绘图人员的位置应相对比较安静。

　　一般员工办公区域的室内布局主要体现在办公桌的组合形式上，可采用横向、竖向或斜向排列等形式。对于开敞式办公区来说，办公桌的组合更需要新意，这样才能体现企业的文化与品位。该区域常会安排 3 ~ 4 人的小会议桌，方便员工及时讨论解决工作上的问题（图 3-19 和图 3-20）。

　　（3）会议室。会议室是同客户交谈和员工开会的地方。设计前要明确会议室的使用目的，然后确定会议室的形式、规模和数量。会议室的数量为 2 ~ 3 个，应考虑如何提高其使用率（图 3-21 和图 3-22）。会议室设计应注意以下几点。

　　1）空间布局。会议室的面积大小根据办公人数需要设定，一般留有一定活动空间，可以使客户放松、缓解员工压力，提高会议效果。会议室空间布局主要分为独立式、周边式、平行式三种。

图 3-19 某律师事务所一般员工办公室

图 3-20 SJK Architects 一般员工办公室

图 3-21 企业会议室

图 3-22 行政会议大厅

2）会议桌的采用。针对不同的空间、不同的功能要有不同的会议桌形式，会议桌可采用方形、圆形、椭圆形、船形等。人数较多的会议室，应考虑采用独立两人桌，作为多种排列和组合使用（图 3-23）。

图 3-23 办公桌

3）色调与光线。会议室的墙和顶面一般忌用黑色，会有压抑感且不利于会议进程；色调应以浅色为主，以深色协调轻重，形成轻快、明朗的设计风格。会议室多采用人工光源，使用人工光源时应选择冷光源，且要避免光线直接照在投影屏上。

4）预留设计与隔声。会议室设计时要有预留设计空间，如主席台、投影幕、音响、计算机接头、信息接收器等预埋线及发言按钮等。会议室属于相对安静的场所，在装修时常采取相应措施来降低会议室与外界声音的相互干扰。例如，铺设地毯、窗户采用双层玻璃等。

3. 过道区域

过道区域是从公共空间过渡到私人空间的场所。为提高工作效率，在平面布局上应尽量减少或缩短通道的长度。通道形式的选择主要与企业的组织结构紧密联系，一般分为集中型、线型、分散型三种。主通道的宽度一般超过 1 800 mm，次通道一般超过 1 200 mm（图 3-24）。

4. 服务区域

服务区域是指在办公空间中为工作人员提供辅助功能的空间，分为茶水间、资料储藏室、文印室、更衣室、卫生间等。设计时应根据企业需要、规模大小和工作需要分设不同用途的区域。

（1）茶水间。茶水间为员工提供了短暂休息和交谈的休闲环境，多配备饮水机、微波炉、咖啡机、冰箱等（图 3-25）。

图 3-24　办公空间过道区域　　　　　　　图 3-25　茶水间区域

（2）资料储藏室。设计时应考虑未来存放资料或书籍的文件柜的规格，宜采用大容量的路轨移动文件柜，从而合理利用空间。该空间应考虑设置在光线充足、通风良好的区域；同时，应设机械排风装置，并采取防火、防潮、防尘、防蛀等措施（图 3-26）。

（3）文印室。因复印、打印辐射性较强，会产生粉尘，最好设置独立空间，人数较多、面积较大的文印室可设打字区、油印区、装订区等（图 3-27）。

图 3-26　资料储藏空间　　　　　　　　　图 3-27　文印室

（4）更衣室。部分企业要求员工统一着装，设立更衣室为工作人员储藏私人用品、更衣提供了方便。更衣室一般男女分设，要求干净、整洁、私密性强（图 3-28）。

（5）卫生间。卫生间一般设置在过道尽头，采光自然，环境清洁，根据员工数量设定便池个数，还可配置隔离式坐便器、挂斗式便池、盥洗台、镜子及固定式干手机等设备（图 3-29）。

1. 空间的色彩设计

在工作中，办公空间的色彩能够起到很好的调节作用，提高员工的工作效率，缓解疲劳。确定办公空间的基调色彩，首先要确定该空间的用途，可以根据工作性质来决定冷、暖色调。另外，巧妙运用色彩的重量感，还可以改变视觉上的空间效果。若室内空间过高，顶棚可以采用具有下沉感的重色；若室内空间低矮，则以单纯的轻色为宜。

办公空间选取色彩时还应考虑空间的采光条件，若室内采光不足，可以运用高明度的色彩进行调节（图3-32和图3-33）。

图 3-32　某游戏公司休闲区　　　　　图 3-33　某游戏公司洽谈区

2. 装饰材料的选择

办公空间装饰材料的选择，会直接影响公共空间设计整体的实用性、经济性、环境气氛和美观性。

顶棚装饰材料包括 T 形龙骨顶棚（图3-34）、扣板顶棚、木龙骨顶棚（图3-35）、轻钢龙骨顶棚（图3-36）、塑料格栅顶棚等。另外，还有一些为创造表面特殊效果而选用的特殊材料，如玻璃、金属、原木、石膏浮雕等吊顶材料。

图 3-34　T 形龙骨顶棚　　　　　图 3-35　木龙骨顶棚

墙体装饰材料有壁纸（图3-37）、乳胶漆（图3-38）、多彩喷涂、板材饰面（图3-39）、壁毡类、石材壁、人造砖材壁、组合材料壁饰、特殊用途壁等。

楼层地面装饰材料包括石材、耐磨砖和釉面砖、木质地板、地毯、塑胶地板、橡胶地板、环氧自流平涂料地面、玻璃等（图3-40～图3-42）。

图 3-36　轻钢龙骨顶棚

图 3-37　壁纸

图 3-38　乳胶漆

图 3-39　板材饰面

图 3-40　石材地面

图 3-41　釉面砖

在办公空间装饰中，楼层地面的装饰与顶棚、墙体的装饰能从整体的上下对应及上下界面巧妙组合，使室内产生优美的空间序列感。例如，室内行走路线的标志就具有视觉诱导功能。楼层地面的图案可以烘托室内环境气氛，在空间中，色彩与装饰材料的选择缺一不可（图 3-43 和图 3-44）。

图 3-42　橡胶地板

图 3-43　办公大厅标识图案

图 3-44　办公大厅地面图案

案例赏析

森浦 Sumscope 上海展示及培训中心

科技使世界进步，而金融一直是科技界的创新者。

森浦 Sumscope 创立十年，已然成为"Fintech"界的明日之星，于是，一个集展示品牌文化、呈现虚拟产品、可供培训接待和大型活动等多重功能的综合性空间，成为森浦 Sumscope 服务高端客户的迫切需求（图 3-45）。

"科技金融 Fintech 已成为各类金融企业新驱动力，必将建立金融市场的新秩序，是未来产业升级的方向。"这是 BNJN 本真创始合伙人Ben 近几年来为国内外大型金融机构做项目的心得。

围绕着基于未来金融走向的前瞻性判断，

图 3-45　培训中心大厅空间

BNJN 本真摒弃了传统展示培训中心对于公司历史和产品展示的偏重，"产品是科技，科技越发达，越需要有温度的人文主义，展开线下培训服务与互动交流。"Jane 补充道，"我们的设计就要在科技与人文之间把握两者的平衡"（图 3-46）。

为了营造出通透、磅礴的空间气势，BNJN 本真拆除了原空间入口的二层楼板，双层挑高的空间让访客在踏入展厅的刹那间留下了开明、干练、现代的企业初次印象。

BNJN 本真顺势运用建筑外墙的曲线与墙面直线交替呈现的设计语言，将培训、接待、路演和办公几个功能铺陈开来，绵延流动的空间布局诠释出森浦 Sumscope "开放沟通"的企业价值观。两层通高的落地窗外，斑驳光影和苍翠茂盛的绿意从用金属材质打造的"传统竹帘"格栅穿透进来，这是 BNJN 本真借由天然户外景观为展厅设计的"第四个面"，即将展厅空间视野拓展到户外花园，"或者说将户外花园借入展厅"。墙面线条中刻意嵌入的发光灯带，与窗外强烈阳光所带来的逆光相互中和，营造出舒适、干净的光环境，也中和了 Fintech 公司的高冷科技感（图 3-47）。

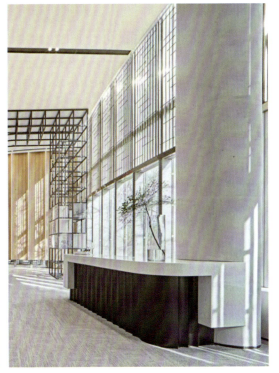

图 3-46　大厅空间局部展示

图3-47　会议空间

　　经由一面大型显示屏望向前方，巨大的玻璃门与"悬浮"于地面的木质弧形围墙为敞亮、开阔的培训室勾勒出轮廓。在另一侧，由黑色金属打造而成的镂空拱形门洞将访客带入另一个天地，体现了功能与结构的统一，森浦Sumscope十年的发展脉络和品牌文化镶嵌其中，一目了然。置身于此，金属、混凝土等质朴的建筑材料和温暖的木质，以及清雅自然的休闲家具形成有趣的反差，如一曲充满韵律、刚柔并济的合奏曲，演绎出理性有序，而又极富人情味的建筑空间语境（图3-48）。

图3-48　内部装饰

　　整个森浦Sumscope展示培训中心并不存在明显的边界感，即使是需要封闭的培训室，BNJN本真也是采用了"模糊边界"的设计手法让空间与空间之间自然过渡，使人们能够轻松穿越于空间中感受Fintech的魅力。作为这一方式的延续，BNJN本真在双层挑高空间的"尽头"打造了一座连通一楼和二楼的旋转楼梯。如同雕塑一般，它不仅成了烘托空间美学的"点睛之笔"，还起到了多功能展厅与办公场所之间的半隔断功能（图3-49）。

图 3-49　楼梯设计

　　沿着楼梯的弧线步入二楼空间，贵宾接待和总经理办公室等功能区域在有限的空间内有序展开。楼下，在展厅后区设计了独立的员工办公区和专属入口，"会议培训"与"办公"的功能随即得以区分，堪称精妙（图 3-50）。

　　由此，森浦 Sumscope 展示培训中心的设计在趋势、技术和美学的层面被一一揭开，它将成为森浦 Sumscope 致力于"打造全球领先的人民币市场金融信息服务平台"的一个鲜明形象（图 3-51）。

图 3-50　贵宾接待区

图 3-51　平面布置图

🔖 任务实训

一、实训内容

在面积为 450 m² 的框架结构内设计一个设计类公司办公空间，明确特定的主题。

二、总体要求

（1）根据提供的平面方案和确定的公司类型进行设计。

（2）公司类型应为设计公司（广告公司、平面公司、服装公司、礼品设计、建筑设计）。

（3）要求保证功能空间齐全、布局合理、使用舒畅。

（4）设计具有独特性，体现公司形象和新的办公理念。

三、工作形式

进行项目设计工作，以小组（2 ~ 4 人）的形式共同完成，要求团队合作，分工明确。

四、设计内容

（1）思维导图。

（2）元素提炼草图、空间草图。

（3）分析图（功能分析图、动线分析图、色彩分析图、材料分析图）。

（4）设计说明。

（5）方案图纸（平面、天花、立面、详图）。

（6）空间效果图。

（7）局部空间预算。

（8）600 mm × 900 mm 展板 1 张。

（9）设计小结。针对工作任务与团队合作过程，总结在设计过程中的收获与不足。

五、设计要求

（1）满足功能空间需求，布局合理。

（2）设计具有思想性、创新性。

（3）绘制图纸要符合制图标准，标注应规范、完整。

（4）色彩搭配和谐。

（5）材料、灯光运用合理。

（6）作品的艺术效果突出。

（7）基本功能区域包括接待区、入口前台、经理室 1 个、10 人会议室 1 个、接待室（容纳 5 ~ 6 人）1 个、办公室 2 个、员工工作区域、打印设备专区、储藏间 1 个，还可以根据不同设计增设其他功能区域。

六、设计准备

设计准备阶段的主要任务是进行办公空间设计调查，全面掌握各种相关数据，为正式设计做准备。

1. 了解甲方总体需求

了解甲方总体设想，明确设计任务和要求，确定空间要实现的功能，了解甲方要求必须实现的功能区域有哪些，掌握设计规模、等级标准的情况。

　　了解甲方预计投资和项目完成期限，了解甲方对项目设计与施工的时间预期，根据相关信息合理安排工作进度，了解甲方可承受的投资额度是多少。

　　了解甲方对公司形象、企业文化的设想，了解其审美倾向，并用设计者的想象力和说服力影响甲方，初步确定设计内涵。

2. 了解施工场地

　　调查施工场地及周边环境，收集现场详尽照片信息，详细记录梁柱和排污等设施位置及特殊情况。初步研究施工场地采光、通风优劣条件，人流动向。

3. 制订设计计划

　　制订设计计划，确定设计方法与思路等。

素质拓展

素质拓展：实施公共空间设计的准备

任务二 餐饮空间设计

课件：餐饮空间设计

知识目标

学生应了解餐饮空间设计的基本原理、设计方法等，提高设计水平及实践能力。

能力目标

1. 能根据甲方要求制订餐饮空间的分区及布局方案。
2. 能根据甲方要求确定餐饮空间风格、色彩及光环境方案。
3. 能根据布局和方案制订不同家具类型及软装。
4. 能制订后厨空间设计方案。

素养目标

唐代的韩愈在《进学解》中提到"业精于勤，荒于嬉；行成于思，毁于随"，从这段话中，学生应能理解"行成于思，毁于随"的道理，并能够将其运用到实际工作当中，提升自身的技能水平。

任务导入

本任务对餐饮空间设计的概念、分类及餐厅空间、后厨空间等的功能进行了讲解，让学生可以了解餐饮空间设计的基本原理、设计方法等，从而提高设计水平和实践能力。

一、餐饮空间概述

餐饮空间是食品生产经营企业通过加工制作向消费者提供食品和服务的消费场所，包括快餐店、火锅店、咖啡厅、酒吧、茶室等。随着社会经济的发展，餐饮设计文化已成为全世界共享的一种时尚文化。人们满足用餐的同时，对餐厅的设计风格、布局有了更高的要求，而良好的餐厅装饰风格则能够促进消费（图3-52）。

图3-52 主题餐厅

二、餐饮空间的组成及布局

餐饮空间的功能决定了它的使用性质。餐饮空间根据其特殊的经营特性可以分为营业区（前台）、操作区和后勤辅助用房（统称后厨）三部分。营业区（前台）主要由门厅、就餐大厅、包厢、明档、外卖部、洗手间、接待区、收银台等部分组成，是直接面向消费者的空间；操作区主要由厨房、备餐间、更衣间、餐具洗涤间、消毒间等部分组成；后勤辅助用房是指员工更衣室、休息室、办公室等。餐饮空间的组成如图 3-53 所示。

餐厅的类型较为多样化，一般分为宴会厅、中（西）餐厅、日式餐厅、自助餐厅、快餐厅、酒吧、咖啡厅等。另外，其还包括多功能餐厅、料理餐厅、风味小吃区等。

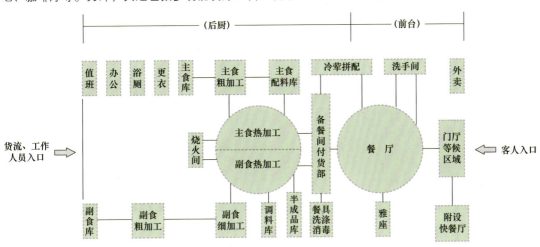

图 3-53　餐饮空间的组成

1. 宴会厅

宴会厅多位于大型酒店或星级宾馆内，一般以庆典、举办大型活动为主，使用面积超过 200 m²，装修豪华（图 3-54）。宴会厅要求空间通透感较强，餐桌和服务通道要宽阔，可设固定或可活动的舞台。

宴会厅满座人数一般为 200 ~ 500 人，也有一些特大型的宴会厅满座人数可达千人。宴会厅与一般餐厅不同，常分宾主，兼有礼仪、会议、报告（图 3-55）等功能，注重布置和营造气氛，一切都要有序执行。因此，在公共空间设计上应特别注重功能分区和流线组织，在设计中常做成具有对称规则的布局，需要时可考虑设置灵活的隔断，将其分隔成几个小厅，以提高其使用率。

宴会厅的净高：小宴会厅为 2.7 ~ 3.5 m，大宴会厅超过 5 m。入口处可设接待与衣帽存放处；应设储藏间，以便于变换桌椅布置形式；可设置固定或临时的小舞台，还有休息室、更衣室、服务台等。

图 3-54　宴会厅 1

图 3-55　宴会厅 2

2. 中餐厅

中餐厅主要是经营传统的高、中、低档的中式菜肴和专营地方特色菜系或某种菜式的专业餐厅。在设计中通常运用传统形式的符号进行装饰与塑造，在空间布置上，要求整体舒适大方，富有主题特色，具有一定的文化内涵。

中餐厅在空间处理上要注意以下几点。

（1）餐厅的入口处多设置接待台及符合餐厅形象的符号招牌（图3-56），为避免人流拥挤，应宽敞、明亮，按照就餐人员比例合理分配空间。入口通道一般设置服务台和休息等候区。

（2）餐桌的数量、规格根据客人容量需求而定，餐桌的形式多以方形或圆形为主，有4～6人桌、6～10人桌、10～14人桌（图3-57）等，餐桌椅根据餐厅的特色定制。同时，其还会设置一定量的包间，并配有卫生间。

图3-56　绿茶中餐厅入口　　　　　　　　图3-57　绿茶中餐厅就餐区

（3）餐厅特色不一，食品烹调方式也不同，厨房可根据具体情况决定是否向就餐区域敞开。以便餐为主的餐厅可设明档、柜台席、散座等。在服务台的设计上，尽量面向大多数客席，其位置大多位于门厅或入口左侧（图3-58）。

图3-58　绿茶中餐厅明档区

3. 西餐厅

西餐厅在欧美国家既是餐饮的场所，也是社交的空间。淡雅的色彩、柔和的光线、洁白的桌布、华贵的欧式风格的图案、精致的餐具，再加上安宁的氛围等，共同构成了西式餐厅的特色。在我国，西餐厅主要以美式和法式为主。法式西餐厅装修华丽，注重餐具、灯光、音乐、陈设的配合及服务的高雅形式（图3-59）。

西餐厅的主要特点如下：

（1）西式餐桌多为2人、4人、6人或8人的方形或矩形台面（一般不用圆形）。餐桌经常被白色或粉色桌布覆盖，餐椅的靠背和坐垫常采用与沙发相同的面料，如皮革、纺织品等。

（2）酒吧柜台是西餐厅的标志，同时，一台造型优美的三脚钢琴也是西餐厅平面布置中需要考虑的因素，经常采用抬高地面的形式来加强中心感。

图 3-59　CATCH 鱼餐厅

4. 日式餐厅

日式餐厅装修风格的特点是淡雅、简洁而又富有禅意，一般采用清晰的线条，室内布置给人以优雅、清洁之感，有较强的几何立体感（图 3-60）。

图 3-60　日式餐厅

日式餐厅的空间处理要点如下：

（1）日式餐厅的客人座席包括柜台席、座席、和式席（席地而坐）三种。一般餐厅的客人座席由其中两种或三种构成。为满足多样性要求，日式餐厅常将方形餐桌拼接起来使用，以供更多客人用餐。

（2）传统日式餐厅会在餐厅入口或和式席入席处设有放置鞋的位置。

（3）单间可利用活动隔断来组织空间。

5. 自助餐厅

自助餐厅是指客人自选、自取适合自己口味餐食的餐厅。自助餐厅的中间或两侧通常设置大餐台，餐台有主菜区、冷食区、热食区、甜食区和水果饮料等区域，设有自助服务台，集中布置盘碟等餐具。菜点台一般设置在靠墙或靠边的某一部位，或者在大厅中间呈岛台状，以让客人取用方便为宜（图 3-61）。

自助餐厅的设计要点如下：

（1）自助餐厅设计必须有明确的人流路线，主通道和副通道要合理安排，从加工、生产到销售都在同一空间里完成。

图 3-61　自助餐厅

（2）自助餐厅需要设置较宽敞的通道，让客人有迂回的余地；餐桌若干。大餐台台面用木材或大理石制作。菜点台都用长台，台上摆放各种食品、饮料，还要摆放各种餐具。

（3）自助餐厅内部空间设计上应宽敞明亮，可采用开敞和半开敞的分布格局进行就餐区域布置。餐厅通道一般比较宽，便于人流及时疏散，以加快食物流通和就餐速度。

6. 快餐厅

快餐厅追求的宗旨就是快，其服务对象多以学生、员工为主，一般开在车站、商业街、码头等人流量较大的区域。其在设计上追求空间简洁、动线合理、色彩明快，在店面、标志、服装、灯箱的设计上要保持风格的一致；在室内设计上强调节省空间、服务快捷（图 3-62）。

图 3-62　快餐厅

快餐厅的设计要注意以下几点：

（1）快餐厅要分出动区和静区，合理安排路线，从而避免拥挤。其席位一般以座席为主，柜台式席位是目前比较流行的，适合赶时间就餐的客人。

（2）一般位于繁华地段，还可在店面设置外卖窗口。

（3）快餐厅因食品多为半成品，故厨房可向客席开放，以增加就餐的气氛。另外，快餐厅的桌椅颜色多为红色、黄色，灯光颜色多为橙黄色，色彩明快，让人眼前一亮，可以促进食欲。

7. 酒吧

酒吧是以吧台为中心的酒馆，一般重视的不是功能而是特色，在装饰风格上应综合运用各种造型手段，体现主题性和个性，以吸引客人（图3-63）。

图 3-63　酒吧空间

酒吧空间设计要点包括以下几点：

（1）酒吧为公众性休闲娱乐场所，其空间处理应尽量轻松随意，可以处理成异形或自由弧形空间。

（2）空间的布局一般分为吧台席和座席两大部分，也可以适当设置站席。因为酒吧的服务都是站立式的，为了使客人坐下时的视线高度与服务员的视线高度持平，故吧台席都是高脚凳。吧台座椅的中心距离应为 580 ~ 600 mm，一个吧台所拥有的座席数量最好为 7 ~ 8 个，每个座席以 2 ~ 4 人为主。

（3）根据酒吧的性质，酒吧空间的处理宜把大空间分成多个小空间，使客人感到亲切。酒吧应根据面积设置席位数，一般每席面积为 1.1 ~ 1.7 m²，服务通道宽度为 750 ~ 1 300 mm，吧台宽度为 500 ~ 750 mm。

（4）酒吧照明以弱光线和局部照明为主，突出休闲随意的氛围。酒吧中公共走道部分应当有较好的照明，特别是在设有高度差的区域，应当加设地灯照明，以突出台阶。吧台部分作为整个酒吧的视觉中心，照明要求更高、更亮。

8. 咖啡厅

咖啡厅是为客人提供咖啡、茶水、饮料的休闲和交际场所。其空间处理应尽量使人感到亲切、放松。咖啡厅的平面布局比较简明，内部空间以通透为主，座位布置比较灵活，有的则以不同高度的轻质隔断对空间进行二次分化，使地面和顶棚有高差变化（图3-64）。

图 3-64　越南 Nocenco 咖啡厅

图 3-71 扩散型宴会厅

图 3-72 自由组合型（上海浦东陆家嘴 IFC 国金中心的品牌餐厅——花厨）

2）舞台区（图 3-73）。舞台区适于大、中型餐厅，是为承接婚礼、报告等而设定的舞台，用于表演、演讲等。通常由一个或多个平台组成，有些可以升降。有些餐厅不设固定舞台，而是根据特色预留活动空间，采用移动式表演烘托气氛，这就需要拥有开阔的区域了。

3）雅座区（图 3-74）。雅座区是指餐厅中相对独立、比较舒适的座席，通常在大厅空间中利用隔断、家具或植物等元素分割出半封闭空间，或者通过地面局部抬高的形式进行区域的划分。雅座区一般设置在大厅的某面墙壁或靠窗的角落，有的设置在夹层上面，适合喜欢安静或独处的客人。

图 3-73 宴会厅舞台

图 3-74 雅座区（江南里中餐厅江苏常州店）

（3）包房。包房也称包间，可以给客人提供一个安静的就餐环境，适合谈生意或家人、朋友聚会等。设计包房时，要把握准确的定位，重视灯光的设计，营造恰当的文化氛围（图 3-75）。

包房多出现在中高档餐厅，以中餐厅居多，4～6人的小型包间面积不小于4 m²，配有餐具柜、电视等；8～10人的中型包间面积不小于15 m²，配有可供4～5人休息的沙发组；多于12人的用餐空间为大型包间，入口附近还要有一个专供该包间顾客使用的洗手间、备餐间，房间配有沙发、电视、麻将桌等。部分包间设有两张餐桌，中间有一个屏风活动隔断，可同时容纳20～30人就餐。

图 3-75　餐厅包房

（4）过道。过道空间是连接餐厅各主要空间（就餐大厅、包房、明档区）及附属空间（厨房、卫生间）的必要空间。它的流线设计要求客流与服务流线不交叉，彼此顺畅，尽量减少流线迂回，保证宽度要求。一般主通道宽为 900 ～ 1 200 mm，副通道宽为 600 ～ 900 mm，通往客席的通道宽为 400 ～ 600 mm（图 3-76）。

（5）卫生间。卫生间作为餐饮空间的一部分，要延续餐厅整体的档次与格调，有的餐厅在卫生间处的设计十分独特，可以给客人带来惊喜（图 3-77）。

图 3-76　入口过道　　　　　　　　　　图 3-77　卫生间

四、后厨空间设计

1. 后厨空间的概念

后厨空间是指餐饮空间中为工作人员提供必要工作空间和储藏空间的场所，分为食品处理区和非食品处理区（图 3-78）。

食品处理区主要包括食品的粗加工、切配、烹调和备餐区等。非食品处理区包括办公室、员工卫生间、更衣室、库房等。后厨各生产区域面

图 3-78　后厨空间

积比例见表 3-3。本任务主要介绍餐厅空间，对于后厨空间部分仅进行简要介绍。

表 3-3 后厨各生产区域面积比例

生产区域	所占面积比例 /%
粗加工	20
切配菜、烹调区	42
备餐区	18
冷菜（烧烤）制作区	9
冷菜出品区	8
办公室	3

2. 后厨空间的功能

（1）办公室。办公室是餐厅管理人员、技术人员等的主要工作场所，一般设置在独立区域，不妨碍餐厅工作空间的正常运营。

（2）更衣室与员工卫生间。更衣室主要是为餐厅工作人员提供更衣、淋浴、盥洗等的场所。更衣室应设置衣柜，人均面积不小于 $0.4\ m^2$。

（3）库房。库房即堆放食品与杂物的储藏间，多靠近食品入口，应设有通道将食品直接送至粗加工间。同时，还可以在库房中放置一些备用桌椅、餐厅活动用的道具等。

（4）厨房。厨房是餐饮空间中非常重要的区域，设计时应遵循实用、耐用和便利的原则。

厨房的布局应该按收货、仓储、粗加工、切配、烹调、备餐、售卖、餐具回收等流程依次对设备进行适当调整，防止工作流程中的交叉错位，影响工作效率。厨房主通道应不低于 1 200 mm，一般通道宽度不低于 700 mm（图 3-79）。

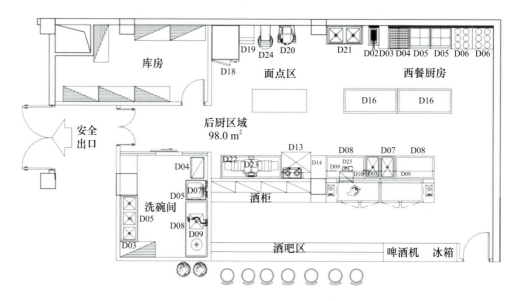

图 3-79 某餐厅厨房平面图

大多数餐饮空间的厨房面积占总面积的 21% ~ 40%；快餐厅厨房中的设备很多，面积也要大一些，约占总面积的 55%；饮品店的厨房面积占总面积的 15% ~ 18%。

五、餐饮空间氛围的营造

舒适的用餐环境除与餐饮空间的设计和家具陈设有关外，光线与色彩的设计、景观的绿化也是不容忽视的，这也是餐饮空间氛围营造的重点。

1. 色彩与光环境

（1）色彩。餐饮空间的色彩能影响就餐人的食欲和情绪。餐厅色彩多以明朗轻快的色调为主，橙色、绿色、茶色、红色等强调暖意的色彩较适宜，尤其是橙色及相同色相的临近色有刺激食欲的功效，给人以温馨感，而且能提高进餐者的兴致（图 3-80 和图 3-81）。

图 3-80　红色基调图（AKATOAO 赤青餐厅）　　图 3-81　蓝色基调图（AKATOAO 赤青餐厅——北京）

（2）光环境。餐饮空间中的光环境主要分为自然光和人造光两种。自然光主要通过建筑的采光来实现，设计师充分利用不同类型和大小的开窗及玻璃幕墙等手段的引入，并且通过技术处理使其具有艺术性（图 3-82）。

人造光可以通过改变照明度、色彩、角度等来解决照明的问题，还可以利用灯光的明暗、虚实来区隔空间。同时，灯光的功能与食客的味觉、心理有着潜移默化的联系，太亮或太暗的就餐环境都会使客人感到不舒服，而桌面的重点照明可以有效地增进食欲。另外，装饰灯具也能决定一个餐厅的风格和情调，增添餐厅的魅力（图 3-83）。

图 3-82　自然光（太食獸——泰式餐厅）　　图 3-83　人造光（深海咖啡厅——昆明）

2. 室内绿化景观

中高档餐厅的入口或休闲区域，通常会有假山、水池、喷泉、绿植等室内景观，既可以为餐厅空间注入新的概念和活力，提高环境的舒适感，也能够让客人享受大自然的气息。这些景观会依托餐厅的风格做相应的改变。例如，中式餐厅的入口处常会出现荷花池、假山、小桥流水等；日式餐厅的入口处多出现具有日本特色的逐鹿、蹲踞、石灯、桥梁等；高档的茶餐厅的入口处则会出现由点构成的喷泉、由线构成的瀑布、由面构成的水池等（图3-84和图3-85）。

图 3-84　越南 September 咖啡店

图 3-85　北京神王·璞舍茶室

案例赏析

人与境的共处艺术——深圳"东西"餐厅

"东""西"不仅含方位代五行，囊括空间概念、文化属性，还泛指各种具体或抽象的人、事、物……餐厅案例如图3-86所示。

图 3-86　"东西"餐厅外景

素竹栏杆、暗沙庭院、五人合抱粗的大榕树伫立眼前。这是进入后的确切模样，当然这景象站在做旧的"东西"钢质门牌外也能隐约瞧得见。无论进来多少次，我仍然很喜欢由竹钢制成的入户装置，镂空、曲折，不强硬、不生分，不刻意制造距离感，广纳各种气息，更能通幽。榕树很适宜在赤红壤中生长，不但长得刚刚好，还和院子配搭得很巧妙的这一棵，的确是应该得到更多喜爱的，而事实上，餐厅整个空间的平面布局、动线都是源于此树。钢板包边的台阶围着树一级一级地漫下来，内里盛满着黑沙，像缓慢流动着的水，将"东西"里的风景衬托得很好看（图 3-87）。

图 3-87 庭院中的竹钢设计

夯土墙除暗含文化底蕴、历史悠久、生态环保、防水抗震、耐久等外，还很好看。这是一种能与空气同呼吸、与时光共韵律的材料，而摸着"东西"的外墙壁，我能感受到大自然的力量（图 3-88）。

图 3-88 竹钢及外墙壁设计

图 3-94　就餐空间设计

任务实训

一、实训内容

　　请根据餐饮空间的建筑平面图进行餐饮空间的设计（图3-95）。

二、具体内容

　　（1）绘制相应的功能分析图（人流分析图、功能分析图、色彩分析图）。

　　（2）绘制简要的思维导图。

　　（3）绘制平面图（1～2张）、立面图（4张）、天花图（1～2张）、效果图（4张）。

　　（4）撰写设计说明

1	主入口	Main Entrance
2	等位区	Waiting Area
3	吧台	Bar Counter
4	中央卡座区	The Central Booth Area
5	包间A	Private RoomA
6	包间B	Private RoomB
7	就餐区	Dining area
8	次入口	Secondary Entrance
9	卫生间	Toilet
10	后厨	Kitche

图 3-95　建筑平面图

（500 ~ 800 字）。

（5）展板：提供 JPG 文件，并按 A0 竖向幅面排版制作，精度至少为 72 dpi，数量为 2 版。

（6）制作 PPT。

三、任务要求

（1）作品必须符合基本要求，突出命题的主旨。

（2）鼓励通过设计实现对室内环境中的人与空间界面关系的创新，提倡安全、卫生、节能、环保、经济的绿色设计理念和个性化设计。

（3）室内环境中功能设计合理，基本设施齐备，能够满足营业要求。

（4）体现可持续发展的设计理念，注意应用适宜的新材料和新技术。

四、设计准备

1.调研内容

（1）思考餐饮空间设计与选址的关系。

（2）思考怎样设计才能使餐饮空间更加醒目。

（3）思考餐饮空间设计与消费者心理需求的关系。

（4）学习餐饮空间设计的常见方法。

（5）寻找设计的突破点，借助设计手段，突出展示新奇的特点。

（6）探究餐饮空间的软环境和客人就餐心理的关系。

（7）讨论餐饮空间的流线设计。

（8）在去过的餐饮空间中，你觉得对于哪些方面感到不是很满意，请列举出来，可以从设计角度谈谈解决方法，或者提出问题，在讨论课中和同学们交流。

2.资料收集

（1）收集国内外中餐厅、西餐厅、快餐厅等各类餐厅的平面图及效果图，并对其进行分析。

（2）收集餐厅空间各界面（墙面、地面、棚面、柱面等）设计有特色的案例图片，并对其进行分析。

（3）收集餐厅空间的软装饰（家具、窗帘、工艺品、灯具等），并对其进行分析。

素质拓展

素质拓展：公共空间设计
的实施原则和注意事项

任务三　专卖店空间设计

课件：专卖店空间设计

〔知〕〔识〕〔目〕〔标〕

1. 了解专卖店空间的经营特性及设计的基本方法和步骤。
2. 掌握不同消费群体的消费取向。
3. 培养学生对完整设计项目的组织与协调能力，为自己的个性化设计提供足够的空间。

〔能〕〔力〕〔目〕〔标〕

1. 能根据甲方要求制订专卖店空间的分区及布局方案。
2. 能根据甲方要求确定专卖店空间风格、色彩及光环境方案。
3. 能根据布局及方案制订与卖店空间的不同家具类型及软装。

〔素〕〔养〕〔目〕〔标〕

《礼记·中庸》中提到"博学之，审问之，慎思之，明辨之，笃行之"，从这段话中，学生应能理解"明辨之，笃行之"的道理，并能够将其应用到实际工作当中，提升自身的技能水平。

〔任〕〔务〕〔导〕〔入〕

本任务讲述了专卖店的空间构成、交通流线分析、平面布局的特点，以及不同消费群体的消费取向，介绍了专卖店空间的经营特性及设计的基本方法和步骤，培养学生对一个完整设计项目的组织与协调能力，为自己的个性设计提供足够的空间。

一、专卖店空间设计概述

1. 专卖店的定义

专卖店是指专门经营销售某一品牌为主的零售商店，它是满足消费者对某类商品多样性需求，以及零售要求的商业场所。近年来，随着国际品牌大量入驻国内市场和国内品牌的快速发展，专卖店的设计成为品牌宣传和销售的重要手段。

专卖店设计主要是指专卖商店的整体形象设计。设计时从品牌特点、品牌市场定位、室内交通流线、主题创意、平面布置、立面布置等方面综合考虑，创造出符合消费者心理行为、充分体现舒适感并具有一定品位的专业性卖场。专卖店设计具有以下两个特点：

（1）统一的品牌形象。品牌形象主要包括产品及其包装、生产经营环境、生产经营业绩、社会贡献、员工形象等有形要素和显示消费者的身份、地位、心理等个性化要求的无形要素。成熟的品牌给消费者的第一感觉应该是具有高度美感的视觉享受。

　　良好的品牌形象带给连锁专卖店的益处是多方面的，品牌所体现的质量和价值，能使该品牌的产品或服务溢价出售，培养消费者的品牌忠诚，从而带动其重复购买行为（图3-96）。例如，以年轻人为消费群体的某品牌服饰所追求的品牌文化就是崇尚青春、活力、奔放和健康，让消费者能在专卖店里找到体现青春活力的服饰。

　　（2）装修设计识别性强。为了树立统一的品牌文化形象，品牌专卖店都具有其独特的形象设计，主要体现在色彩、材质、造型等方面，力求突出于周围环境，引人注目。同时，专卖店公共空间设计还需要注意品牌形象在专卖店设计中的体现和运用，让统一的品牌形象和商品展现在消费者面前（图3-97）。

图3-96　某品牌服装专卖店　　　　　图3-97　某汽车专卖店

2. 专卖店的分类

　　专卖店的设计需要考虑很多因素，其中销售商品的类型对专卖店空间的设计起到至关重要的作用。专卖店的分类及设计特点见表3-4。

表3-4　专卖店的分类及设计特点

专卖店分类	设计特点
服装专卖店	设计性强，品牌形象感和时尚感
鞋类专卖店	鞋子的种类与品牌档次决定其展示方式和设计
家具专卖店	秩序的空间结构，色彩和灯光融合于设计
珠宝首饰专卖店	注重区域的划分，陈列柜的造型和尺度、灯光设计

　　（1）服装专卖店。服装是具有较强艺术感染力的商品，有较强的时代性和流行性，因此，服装专卖店的设计应有较强的品牌形象感和时尚感。在公共空间设计中，应以服饰为主线进行设计，将服饰文化与专卖店设计相融合，使服装专卖店环境中的设计元素传递服装文化的信息（图3-98）。

　　（2）鞋类专卖店。设计师应根据销售商品的种类（男鞋、女鞋、童鞋）和特点（皮鞋、休闲鞋、运动鞋）、鞋类的品牌及服务的档次等选择不同的展示方式与装饰设计。从空间、色彩、灯光、道具等个多方面着手，精心设计和布置展示环境、展示装饰、展示配套设施等，让室内空间协调和统一（图3-99）。

　　（3）家具专卖店。采用一定的逻辑方法建立有秩序的空间结构，并合理地将色彩和灯光融合于设计中，使顾客能够在舒适、优美的立体环境中拥有美好的视觉体验。家具本身具有的造型、质感、色彩等元素都是展示设计需要考虑的重要因素（图3-100）。

（4）珠宝首饰专卖店。珠宝首饰属于贵重物品，设计时除需要考虑审美性和安全性外，还需要考虑珠宝首饰的展示效果，陈列柜的造型和尺寸需要满足顾客的最佳视域范围。珠宝首饰专卖店按照功能划分，可分为展示区域、销售区域和活动区域（图3-101）。

图 3-98　服装专卖店

图 3-99　鞋类专卖店

图 3-100　中式家具专卖店

图 3-101　珠宝首饰专卖店

二、专卖店设计布局

专卖店的室内空间需根据店面的性质进行合理化的布局和搭配，除考虑展示柜的布局外，还需考虑人流量、原始建筑空间的结构、商品的品种和功能、收银台的位置和大小、顾客休息区、橱窗及仓库的面积等，根据实际需要进行布局设计。

顾客购物的行为规律：吸引—进店—浏览—购物或未购物—出店。在设计中，应根据顾客的进程、停留、视线等设置有视觉引导功能的标识与形象符号，从而更好地统筹空间的展示和营销关系。空间的流线组织和视觉的引导主要通过展示柜架的平面布置、界面的设计，以及绿化、照明、标志等要素来体现。这些设计要素的合理布局使购物人流得到最有效的引导和组织，最大限度地吸引客流，从而达到商家利润的最大化。

专卖店空间格局复杂多样，主要分为商品空间、店员空间、顾客空间等（表3-5）。经营者根据自身实际需要进行选择和设计，一般先确定大致的规划（即三种空间各占多少比例），再进行区域划分，陈列商品。

表 3-5 专卖店空间格局的分类及特点

空间类型	空间特点
商品空间	展示商品的场所，有柜台、货架、展示台等
店员空间	店员接待顾客和从事相关工作所需要的空间
顾客空间	顾客进店参观、选择、洽谈和购买商品的空间

依据商品数量、种类、销售方式等，将三个空间进行有机组合，具体可分为接触型、封闭型、封闭环游型三种形式。

（1）接触型组合形式：专卖店空间临街，顾客在街道上购买商品，店员在店内服务，商品空间将顾客与店员分离（图 3-102）。

图 3-102 接触型组合形式

（2）封闭型组合形式：商品、店员、顾客三个空间全在店内，商品空间将顾客与店员空间隔开（图 3-103）。

（3）封闭环游型组合形式：商品、店员、顾客三个空间都在店内，顾客可以自由选择商品，开架销售，既可以有一定的店员空间，也可以没有（图 3-104）。

图 3-103 封闭型组合形式　　　　图 3-104 封闭环游型组合形式

设计时应规划好各个空间的关系，不同的人流在设计中要相互分开，避免相互干扰，合理的布局可以提高专卖店有效面积的使用水平。作为连接各个空间的通道，需要符合人体工程学要求，主通道的宽度一般为 1 500 ～ 1 800 mm，可以使两个人轻松地并肩通过；单向通道的宽度一般为 900 ～ 1 200 mm，可以保证一个人轻松通过。

专卖店平面布局要求如下：

（1）功能分区合理。设计专卖店平面布局时，首先，需要对室内空间初步进行划分，采用圆圈和方块等快速的手绘表现形式进行功能划分，根据人流动线，明确各个功能空间的位置及相互关系；其次，对方案进行反复推敲，以达到功能分区的合理性；最后，根据室内空间大小、产品特点、风格和陈设要求进一步完善平面图（图 3-105）。

（2）布局灵活性。专卖店所销售的商品会根据季节的变化而改变，店内布局的调整也能产生新鲜感，以吸引消费者的目光。因此，在平面布局中应考虑展具、空间隔断位置、橱窗等的灵活性，对其位置的变化留有余地。

（3）设计新颖性。专卖店如果想最大限度地吸引顾客，就需要在平面布局上精心设计、个性鲜明、突出特点（图 3-106）。

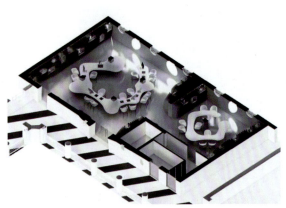

图 3-105　功能分区平面图　　　　　　　图 3-106　某图书专卖店设计突出新颖性（重庆）

三、专卖店分类设计及界面处理

专卖店合理的空间规划与商品陈列道具、灯光照明、界面处理等因素形成有机的配合，使商品的质地、色泽、光度、特征等能更好地展现出来，以吸引消费者。

1. 招牌设计

专卖店招牌的主要作用是对所经营的商品类型加以说明，提高自身价值和个性，还要将店面的 Logo 设计得更具有辨识性和识别性，使消费者可以在繁华的商业区很快寻找到自己的购买目标，以方便购物。招牌设计对整个店面的装饰能起到画龙点睛的作用（图 3-107）。

专卖店招牌常用装饰材料分类如下：

（1）有水作业贴面：如花岗岩、石材、陶瓷砖等。

（2）无水作业贴面：如不锈钢、铝合金、金属装饰板等金属材料，胶合板、铝塑板、有机玻璃、镜面玻璃等。

（3）涂抹类：如彩砂、石屑饰料、各色有机和无机涂料、油漆、灰浆等。

图 3-107 专卖店门头设计

2. 橱窗设计

橱窗在专卖店设计中既是一种重要的广告形式，也是装饰专卖店的重要手段，它能够展示商品，体现经营特色，沟通内外视觉环境。一个构思新颖、主题鲜明、装饰美观的专卖店橱窗，不仅能让消费者识别专卖店的经营性质，还能吸引消费者进入商店，激发消费者的购买情绪，刺激消费者的购买欲望，最终促使消费者完成购买行为。

橱窗按照构造形式可分为通透式、半通透式和封闭式三种，它们对应的设计特点见表 3-6。

表 3-6 橱窗的种类及设计特点

设计形式	设计特点
通透式	通透性强，连通卖场，适合小型专卖店
半通透式	橱窗背景与卖场采用隔断分隔空间
封闭式	橱窗与卖场完全隔开，适合大卖场

（1）通透式。通透式橱窗没有背景，与卖场空间是相通的，能够很好地展现室内环境，人们可以在室外通过橱窗看到店内的场景。通透式橱窗适用于小型专卖店和室内整体环境效果较好的专卖店（图 3-108）。

图 3-108 通透式橱窗

（2）半通透式。半通透式橱窗是指橱窗背景与卖场空间采用半封闭形式。半通透式橱窗空间分隔的形式有多种，常用的分隔材料有玻璃、屏风、宣传画等（图 3-109）。

（3）封闭式。封闭式橱窗是使用装饰材料将橱窗与卖场空间完全隔开，形成一个单独的空间。封闭式橱窗适用于较大空间的卖场，能够很好地表现品牌的艺术特色（图 3-110）。

图 3-109 半通透式橱窗　　　　　　　　　图 3-110 封闭式橱窗

　　橱窗一般由道具、商品、背景等元素组成，可以与企业标志及小品组合成一体，相映生辉。设计橱窗照明时，不仅需要考虑空间内的基本照明，还应使空间内主题鲜明、主次有致、层次丰富。

3. 展示柜架设计

　　（1）基本类型。展示柜架大概分为 4 种类型。

　　1）结合 Logo 地面及展示台整体设计（图 3-111）。

　　2）展柜式高架（图 3-112）。

图 3-111 结合 logo 地面及展示台整体设计　　　　图 3-112 展柜式高架

　　3）上墙式高架（图 3-113）。

　　4）矮架（图 3-114）。

图 3-113 上墙式高架

图 3-114 矮架

（2）布局形式。

1）顺墙式（图 3-115）：柜台、货架等设施顺墙排列。顺墙式排列不仅能够很好地利用室内墙体空间，还有利于商品的展示和陈设。

2）岛屿式（图 3-116）：在营业场所中间布置各不相连的岛屿形式，这种布局灵活多样，可摆放的商品多，便于消费者欣赏和选购。岛屿式常与顺墙式结合布置，是商场最常用的布置形式。

图 3-115 顺墙式展示柜架

图 3-116 岛屿式展示柜架

3）自由式（图 3-117）：根据一定空间结构、人流的走向及商品的划分进行布局设计。自由式展示柜架布置能使室内气氛活泼、轻松。

4. 吊顶设计

专卖店吊顶设计需与建筑结构、店面的整体设计风格相适应，营造出和谐的气氛。专卖店吊顶的设计一般比较简洁，多采用较大面积平整的吊顶，只是在重点区域进行变化。常见的吊顶有以下三种。

（1）石膏板吊顶。石膏板具有良好的装饰效果和较好的吸声性能，不仅防火、防潮、不变形，还具有施工方便、加工性能好、方便安装照明灯具等优点（图 3-118）。

图 3-117 自由式展示柜架

图 3-118 石膏吊顶

（2）格栅式吊顶。格栅式吊顶是一种开放式的网格设计，具有成本低、安装工期短等特点。在装饰效果方面，格栅式吊顶层次分明、立体感强，能让室内看起来具有更深和更广的空间。特别是当在层高不理想的室内采用格栅式吊顶时，其通透式的空间效果能增强人的空间感，减少吊顶带给人的压迫感（图 3-119）。

（3）裸顶。裸顶是指裸露原始建筑的顶部结构，只是对顶面进行涂色处理，一般在现代设计风格中使用。建筑顶部的各种管线与设施涂刷成黑色或灰色，可以形成特殊的美感（图 3-120）。

图 3-119 格栅式吊顶

图 3-120 裸顶吊顶

5. 地面处理

专卖店作为商业空间，人流量较大，因此，在选择地面材质时应选择耐磨性好、易清洁的材质。地板砖和木地板是目前专卖店中运用最多的两种地面材料，在设计中可根据整体的风格选择不同的色彩和纹理。

在一些专卖店设计中，为了增强整体空间的吸引力，商家会采取特殊的地面处理方式，如使用地面拼花工艺、下部镂空的玻璃地面等。

6. 色彩与照明设计

（1）色彩设计。专卖店的色彩选择需考虑顾客的阶层、性别和年龄。例如，粉色和紫色适合运用于女性商品专卖店中，高纯度的色彩组合适用于儿童专卖店。同时，还要结合品牌的标准色，因为在品牌传递的整体色彩计划中，品牌的标准色具有明确的视觉识别效应。

在具体色彩设计中要考虑突出服装，营造出某种情调和氛围。从色彩的冷暖、对比度、色相等方面确定符合该品牌传达出的主色调。主色调的功能以衬托展品为主，与展品为补色或形成鲜明的对比（图3-121）。

图3-121 以白色作为主色调的空间

（2）采光与照明设计。专卖店的光环境包括自然采光和人工照明两部分。自然采光以日光为光源，人工照明以灯具为主要光源。人对自然光有一种亲切感，因此，在设计中应充分利用自然光照明，而人工照明设计应结合消费者心理、店面经营种类、地理环境和陈列方法进行设计，通过环境照明来更好地烘托专卖店氛围、突出商品主题，体现高贵、典雅、温馨等设计风格（图3-122 ~ 图3-124）。

图3-122 色彩对比强烈的　　　图3-123 环境照明　　　图3-124 局部照明
室内空间和局部照明　　　（密苏里大学游艺中心）

案例赏析

梵誓珠宝上生新所店

该项目位于上海市长宁区上生新所二楼，原场地为两个房间，中间可开洞联通，占地面积约130 m²，净层高仅2.4 m。客户要求满足多种接待区、艺术装置、仓库区、展示区及辅助功能空间等，对内保证实用，对外强调美观，并富有创造力。面对功能、空间与环境的多重矛盾关系，设计师需要按照需求打通多余墙体，将大小两个房间连成一个店面，通过设计突破原有场地的限制，并在严格把控成本的基础上发挥出最好效果，打造一个集交流、展览、零售、打卡等功能于一体的商业空间，在有限的空间内回应多种需求，给顾客带来最好的购物消费体验（图3-125）。

宝石的意义不仅在于其本身价值，更在于其背后探索发现的过程。纵使悬崖峭壁、密洞深渊，采矿者也愿意去探索未知的、神秘的世界，最终得偿所愿。铂金是梵誓品牌重要的元素，宇宙中铂金资源最充足的地方就是苏美尔星球的KR-π铂金矿。因此，设计师希望打造一个神秘的富有体验感的异形空间，模拟探险者登陆外星球铂金矿坑的体验，让每个进入梵誓的游客都怀着好奇心去探索发现，找到属于自己的那款宝石（图 3-126 和图 3-127）。

图 3-125　苏美尔星球 KR-π 铂金矿坑寻宝

图 3-126　入口设计

入口空间的洞穴造型，为顾客营造出探险者登陆外星球铂金矿坑的体验。外墙面用真石漆刷成素白色，门的造型呼应洞穴概念。几个形态不一的流线型曲面造型的窗户在周围线性灯带的均匀照射下泛着温暖的色彩，使空间视觉更具穿透性与连贯性；同时，这些洞穴造型为新加厚突出装饰层打洞做出的效果也不会破坏原有墙面（图 3-128 和图 3-129）。

外立面上的异形洞底部安置了镜面，既可以反射周围上生新所优美独特的景色，又为来往游客提供了观光驻足、打卡拍照的素材（图 3-130）。

图 3-127　展示设计

图 3-128　入口门面

图 3-129　入口细节

图 3-130　外立面造型洞

　　整个空间设计从展品的布置开始，因为考虑到客户提出要将原来店铺的珠宝盒重新利用放置在新店中，设计师将旧珠宝盒隐匿于墙面的穿孔板中，弱化了珠宝盒庞大的体量和方正的造型。同时，将珠宝盒嵌制在墙上也为中心流线型网红打卡装置节省出较大空间。墙面采用穿孔板切割成片状曲面，并满足一定的防火等级要求（图3-131）。

图 3-131　展示空间设计

　　曲线语汇贯穿整个空间结构与界面，按照客户要求在墙面上布满方形的多媒体电视，设计采用连续的片状曲面墙面将这些多媒体电视和展柜柔化，将它们嵌入曲线凸出造型中。深灰色弯曲错落的铝板与展柜融合，过渡自然，模拟矿坑洞穴乱石嶙峋的效果，不仅满足了展示珠宝的功能，增大了空间利用率，也使室内空间更有流动感（图3-132）。

图 3-132　多功能打卡桌

　　白色墙面上原本是方形窗户，为了统一设计语汇，设计师在墙里用轻钢龙骨新建一层隔墙，并在上面开异形的洞与外立面相呼应，既弱化了原本方形的窗户形式，也使视线更加通透。室内空间中通过窗户引入自然光，并搭配了专业照明系统，使空间在日光及人造光中形成的完美平衡（图3-133）。

　　室内部分设计改变了原本单一、基础的空间形态，通过打造一个"中岛"型的艺术装置，让其成为空间的主展览区，这样就营造了展示、交

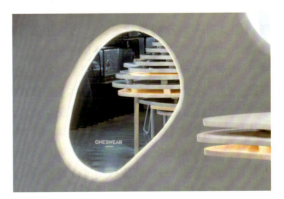

图 3-133　室内墙面造型洞

三、任务要求

（1）立意新颖，有明确的主题。

（2）时代感强，艺术效果突出。

（3）色彩协调，造型完美。

（4）突出展品。

（5）将所有设计内容布置在电子展板上并上交电子文档和电子展板（600 mm×900 mm，统一竖向构图）。

四、任务解析

拿到项目分析书之后，要先查找相关机械表的资料，确定要展示的机械表的品牌，了解品牌的特征及该品牌的企业形象。

素质拓展

素质拓展：公共空间设计的实施程序1

任务四 酒店空间设计

知 识 目 标

1. 掌握酒店的种类和等级标准。
2. 了解酒店及其空间设计的特点。
3. 通过了解酒店空间设计的现状，把握酒店空间设计的风格和趋势。

能 力 目 标

1. 能根据甲方要求制订酒店空间的分区及布局方案。
2. 能根据甲方要求确定酒店空间风格、色彩及光环境方案。
3. 能根据布局及方案制订酒店不同家具类型及软装。
4. 能根据星级酒店要求制订健身空间、酒吧及游泳馆设计方案。

素 养 目 标

精品要在正本清源、守正创新的基础上产生，学生应能理解"守正创新"的道理，并能将其用到实际工作中，提高自身的技能水平。

任 务 导 入

本任务在介绍酒店类型、功能空间及相关设计原则的基础上，深入阐述了酒店空间的流线及各种功能空间具体设计的详细要求与方法措施。同时，通过描述酒店空间设计现状，学生应能把握酒店空间设计的风格和趋势。

一、酒店空间设计概述

1. 酒店空间的定义

传统酒店是向客人提供餐饮、住宿及相关服务的设施；而现代酒店的功能早已超越了传统酒店，是集工作、消遣、集会、娱乐、餐饮及购物为一体的场所空间，能够为更多客人提供更加全面的服务。所以，现代酒店的产业化、规模化催生并促进了酒店空间设计的现代化、专业化。

酒店设计主要围绕酒店私人空间、公共空间、管理空间和通过空间4个重点板块运作（图3-137）。酒店空间设计包括整体规划、功能定位、装饰布局、风格确

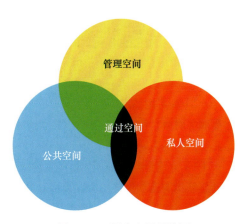

图 3-137 酒店空间板块图

定、装饰设计、材料选用、色彩照明及景观设计、家具陈列等多方面的内容和多层次的要求。

2. 酒店空间的分类

目前，世界上用不同的方法区分酒店类型，或按规模大小，或按接待功能，或按地理位置，或按经营方式等。本书按照功能分类的方法，主要介绍市场份额较大的几类酒店的不同特点（表 3-7）。

表 3-7　酒店分类与特点

酒店类型	酒店区位	酒店客源	主要配套设施	服务特征
经济快捷型酒店	城市交通便利区	以普通游客为主	客房、自助餐厅等	经济低价、舒适方便
商务型酒店	城市中心/CBD	以普通的商旅游客为主	客房、大中小型会议厅、中西餐厅、健身房、游泳池、商店等	高品质会谈、办公室
会议会展型酒店	会展中心/CBD	团体会议、会展游客	客房、大中小型会议厅、中西餐厅、健身房、游泳池、商店等	会谈、办公室
旅游度假酒店	城区/风景区	度假、休闲游客	客房、大中小型会议厅、中西餐厅、健身房、游泳池、商店、高尔夫球场等	休闲、度假
公寓式酒店	城市高档住宅区/CBD	常住游客	家电齐全、固定停车位等	温馨、居家

（1）经济快捷型酒店。经济快捷型酒店以客房为主，配套设施相对较简单，主要提供一些清静、低价、舒适的基本服务，并且具备便利的交通条件和经济实惠的价格（图 3-138）。

图 3-138　经济快捷型酒店大堂

（2）商务型酒店。商务型酒店一般位于城市比较繁华的街区，交通便利，以中高端商旅游客为主要服务对象，配套设施完善，硬件标准和舒适性标准较高。商务型酒店可以接待各种大、中、小型会议，有多功能厅、中餐厅、商店、健身房、游泳池等设施（图 3-139）。

（3）会议会展型酒店。会议会展型酒店一般位于城市商务中心区或城市边缘交通发达区域。这类酒店都拥有面积较大的会议宴会服务功能；同时，酒店能够整合各种资源，形成集会议、展览、商务活动、文化演出、健身疗养于一体的全方位服务的综合性商务运作模式（图 3-140）。

图 3-139　商务型酒店会谈区　　　　　图 3-140　会议会展型酒店会议区

（4）旅游度假酒店。旅游度假酒店一般位于环境优美的自然风景胜地。此类酒店根据旅游资源的不同，休闲娱乐功能和环境景观表现也不同。其设计侧重于营造室外景观，凸显人文资源，突出优雅、浪漫的情调和自然、和谐的高品位氛围（图 3-141）。

图 3-141　巴厘岛某度假酒店

（5）公寓式酒店。公寓式酒店一般位于城市商务中心区或高档商住区，附近多有商业设施群和社区生活服务中心。这类酒店的主要特点类似公寓，客厅、卧室、厨房、卫生间一应俱全，具有良好的居住功能和居家条件。

二、酒店主入口设计

酒店主入口空间既是顾客进出酒店的通道，又是建筑空间与外部环境之间的一种过渡空间，其代表了酒店的整体格调和品位。同时，由于酒店的服务类型及功能、特点不同，对入口空间的位置要求也是不同的（表 3-8）。

表 3-8 酒店入口分类

酒店类型	入口位置与布局	入口空间特征
经济快捷型酒店	紧邻公交、地铁站出入口，交通便利	高效、便利、标识清晰
商务型酒店	避免设置在主干道、道路交叉口等车辆嘈杂处	注重入口空间品质与档次
会议会展型酒店	紧邻会议中心，距离通常小于500 m	营造交往空间，创造交流氛围
旅游度假酒店	风景名胜区，设置在交通便利、自然环境好的地段	营造宁静、惬意的度假氛围
公寓式酒店	生活基础设施齐全，邻近城市商务中心区	温馨居家体验

1. 主入口交通体系

酒店建筑入口的交通可分为酒店入口附近即将进入酒店的人流、车流和即将离开的人流、车流两个部分。这两个部分共同构成酒店建筑入口交通系统（表3-9）。在酒店入口空间内应明确：人是主角，车是配角，应首先满足人的方便与需要。

表 3-9 酒店建筑入口交通系统

交通方式	进入酒店形式	酒店入口内流动方式	特征表现
步行	步行	通过城市步行系统与酒店内部的人行道连接进入酒店大堂	人流较零散
公交（含轨道交通）	步行	通过与公交站点的连接进入酒店，或通过地铁站出入口进入酒店中心交通大厅	分散的人流，高峰期人流较为集中
自备车	车行	进入地面停车场或地下车库，人下车经广场进入大堂或通过停车库的裙房电梯上到大堂	分散的人流，高峰期人流较为集中
出租车	车行	通过雨篷下的落车点进入大堂	分散的人流，高峰期人流较为集中
旅游大巴	车行	进入地面停车场，人下车经广场进入大堂；或通过入口附近的大巴的临时泊车点下车进入大堂	随机分流，一旦进入酒店就会有较大人流

（1）人行道系统。酒店主入口的人行交通系统首先需要满足路线的便捷、高效，为客人提供高效的入住条件；其次，人行交通系统需要具备良好的连通性，合理处理步道与人行流线的关系；最后，人性化的标识设计，能够引导人流按照预定的路线行走。

（2）车行道系统。首先，车行交通流线的设计应做到清晰明确和便捷流畅；其次，酒店车行道应为双向循环设计，车辆到达和离开的路线尽量不要重合，酒店一般应保持7 m以上的入口车道宽度；再次，在酒店主入口雨篷一般设置停车点，通入雨篷的车道应设置成双道，宽度应在3.7 m以上；最后，物流车辆通道必须单独设置，尽量不要穿过入口或接待区，避免干扰客人。

2. 主入口景观体系

（1）广场空间。客人对酒店的感受是从进入广场空间的那一刻开始的。因此，主入口广场的空间序列应是和谐而富于变化的，这就要求设计时在空间中有节奏地设置一些高潮元素，如标志性景观或广场的某个元素都可能成为景观节点，给客人带来视觉上的冲击，加深其对酒店的印象（图3-142）。

（2）植物绿化。植物绿化在酒店入口广场中起着改善环境品质、营造环境氛围、增加空间亲和力等重要作用。设计时，应根据酒店设计的整体风格特征和植物本身的自然形态特征合理搭配、巧妙配合。可根据植物的季节性特征，对植物绿化空间进行布局，也可在入口的人行道旁，用修剪后的植物造型形成巧妙的几何图形，沿途种植，既满足了构图的需要，又实现了引导功能（图 3-143）。

（3）水体景观。在酒店入口空间的设计中，水体景观作为具有改善空间环境及观赏功能的要素，一般应设置在比较显著、重要的位置。水体景观分为静态水景和动态水景两种类型。

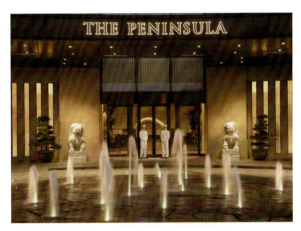

图 3-142　广场空间

图 3-143　酒店入口景观

静态水景主要以水池的形式出现。水池的形状一般以方形和圆形为主。水景使用的材料一般以仿自然的材料为主，如卵石、块石、树桩等。动态水景在水体流动或水落下时，发出音乐般美妙的声音，能给人们带来愉悦舒畅的感觉，如跌水、喷泉、溪流等形态（图 3-144）。

（4）景观小品。景观小品在酒店入口设计中属于景观系统的空间元素，这一空间元素的位置、规格、材质、色彩、造型等会对环境的整体效果产生影响，甚至直接影响到外部空间的艺术风格。因此，在酒店景观环境的设计中，应合理利用景观小品，实现烘托环境、限定空间，以及引导人流、休憩使用等作用（图 3-145）。

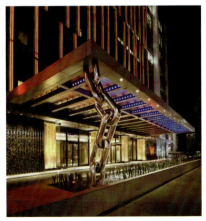

图 3-144　酒店入口水体景观　　　　图 3-145　酒店入口景观

三、酒店大堂空间设计

酒店大堂与中央大厅不仅是确立酒店内部第一印象的重要空间，也是决定服务和通行质量的重要元素，其设计布局的独特氛围直接影响酒店功能的发挥。尤其是总服务台，其是接待与商务交谈的空间，在规划中应考虑如登记、体现个性化服务与沟通等重要功能（图3-146）。

图3-146　酒店大堂

1. 大堂功能

设计酒店大堂的目的是便于开展各项对客服务，满足其使用功能，同时又让客人得到心理上的满足。大堂的面积取决于酒店客房的数量、规模和档次，以及客源的市场定位。大堂设计时，应考虑以下功能性内容：

（1）大堂空间关系的布局。

（2）大堂环境的比例尺度。

（3）大堂内服务场所（如总台、行李房、大堂吧、休息区等）家具的陈设布置和设备安装。

（4）大堂采光和照明。

（5）大堂绿化。

（6）大堂通风、通信、防洪。

（7）大堂色彩。

（8）大堂安全。

（9）大堂材质效果（注意环保因素）。

（10）大堂整体气氛等。

除上述内容外，大堂空间的防尘、防震、吸声、隔声及温度、湿度的控制等，均应在设计时加以关注，将满足各种功能要求放在首位。

2. 大堂交通流线

大堂是客人流线的中心，设计的基本思路是尽量减少客人流线和服务流线的交叉。住宿客人和宴会客人因其目的不同，流线也不同。为了方便客人，从大堂开始，应尽量按照不同的目的把流线分开。酒店大堂交通流线设计需注意以下要点：

（1）客人步行出入口。

（2）残疾人出入口。

（3）行李出入口。

（4）团队会议客人独立出入口。

（5）通向酒店内外花园、街市，紧邻商业点、车站、地铁、街桥或邻近另一家酒店的各个必要的出入口，以及相应的台阶、坡道、雨篷和电动滚梯。

（6）通过店内客用电梯厅和客房区域的流线。

（7）从主入口和电梯厅直接通向总服务台的流线必须宽敞、无障碍。

（8）通向地下一层或地下二层重要经营区域的楼梯或电动滚梯。

（9）通向大堂所有经营、租赁、休息、服务、展示区域的流线。

（10）服务人员、管理人员需要的各个必要的、尽可能隐藏的出入口、楼梯和电梯。

（11）可能与总体布局有关的货物、设备、员工、送餐与回收垃圾出运流程，这些流线不能与客人流线交叉或兼用（图3-147）。

图 3-147 酒店大堂流线图

3. 大堂灯光设计

酒店大堂的空间处理原则是空旷、气派而不简陋、单调，其形状、比例、方向、分割、虚实变化，都应作为大堂空间序列的组成部分与酒店内部空间自然对接。大堂的各个接待、服务功能的分区面积需要根据酒店的类型、规模和档次具体确定。

大堂的灯光设计可以为酒店创造气氛，光的亮度、色彩是决定气氛的主要因素，若将灯光处理得恰到好处，能加强大堂的空间感和立体感（图3-148）。

图 3-148 酒店大堂灯光

四、酒店客房设计

酒店客房设计重点要考虑两个基本因素：一是房型限制；二是消费需求。根据各类客人的消费需求确定客房的各种功能设置，设计不同的客房布局样式。

1. 客房类型及设计要点

为满足各类客人的需求，酒店一般设置标准间、商务套房，高级酒店中还设置了总统套房和无障碍客房。客房功能布局根据房间面积大小，可设计为紧凑便利型、宽敞舒适型等多种样式。客房面积可按星级标准进行规划设置，也可根据实际情况适当增减（表3-10）。

表3-10　酒店客房面积标准

规模档次	客房面积/m²	卫生间面积/m²
快捷酒店客房	24	5
四星级酒店客房	35	6
五星级酒店客房	40	10
超五星级酒店客房	50	15

（1）标准间。标准间一般是指双人独卫房间，每个酒店的标准间占比宜达到总客房面积的75%以上。房间内应有中央空调、冰箱、台灯、落地灯、沙发椅、橱柜、衣柜，卫生间必须有马桶、浴缸、淋浴房、面盆。标准间可分为单双人床（标准单人间）型和双单人床（标准双人间）型（图3-149）。

图3-149　酒店客房（标准间）

（2）商务套房。商务套房设有独立浴室区，干湿分离功能分区合理，适用于商务洽谈、办公等。商务套房分布在每层电梯厅附近较醒目的位置，以便客人来访（图3-150）。

图3-150　商务套房会客区

（3）总统套房。总统套房一般位于景观位置最佳、隐秘性较强的酒店顶层，使用独立的专用进出通道，与其他楼层的住客通道分开，贵宾和服务人员的进出都不与其他客人混在一起。总统套房内有接见厅、会客厅、多功能厅、总统卧室、夫人卧室、书房、厨房、卫生间及随员房等，布局豪华宽敞。房内的配置应根据使用功能做顶级设计，并设有桑拿房和功能太空浴室（图 3-151 和图 3-152）。

图 3-151　总统套房卧室

图 3-152　总统套房会客区

（4）无障碍客房。无障碍客房是专门为残疾人提供的、方便残疾人住宿的特殊客房，设有无障碍或协助行动的设施等。客房内过道的最小宽度为 1.5 m，床间距离为 1.2 m，床高为 0.45 m，以方便轮椅通过。另外，还应设有无障碍通道，以及便于客人到达、疏散和进出的区域。

2. 客房内部设计

客房内部设计要对功能、风格、人性化三项主要内容进行统一考虑、统一安排。由于酒店的性质和层次不同，客房基本功能的体现也会有所增减。客房的使用功能及其对应的主要设施见表 3-11。

表 3-11　客房的使用功能及其对应的主要设施

客房的生活使用功能	对应的主要设施
休息、谈话、吃简餐	安乐椅、桌子、冰箱、电视、带有广播和背景音乐的床头柜
简单的业务办公	写字台、椅子
整装打扮、卫浴	浴室、卫生间、镜子
储物	衣柜、行李架、化妆台

另外，睡眠设施是客房的主体，包括床、床头柜，或者床头板上有控制客房内各个设备的控制机构，包括钟表、电视、空调、照明等控制器、信息显示等（表 3-12）。

表 3-12　床的尺寸标准

类型	规格（长 × 宽 × 高）/（mm × mm × mm）
单人床	2 000 × 1 000 × 480
	2 000 × 1 100 × 480
	2 000 × 1 500 × 480
双人床	2 000 × 1 350 × 480
	2 000 × 1 500 × 480

续表

类型	规格（长 × 宽 × 高）/（mm × mm × mm）
豪华床	2 000 × 1 600 × 480
	2 000 × 1 800 × 480
	2 000 × 2 000 × 480

　　酒店客房的风格是酒店设计的重点，其设计核心是为客房空间营造气氛。设计以淡雅宁静中不乏华丽的装饰为主，家具陈设不宜过多，主要着力于家具和织物的造型色彩选择，给客人带来生理和心理上的愉悦。人性化设计是对功能设计更细致、更深入的设计。设计者要从人体工程学的角度衡量每个设施标准，注重便利性、安全性、舒适性等人性化因素。

3. 客房平面布局设计

　　客房建筑的进深一般为 7.2 ~ 9 m，也有超过 12 m 的；面积为 20 ~ 40 m²，卫生间面积超过 4.5 m²。客房高度，国外的酒店一般净高为 2.6 ~ 2.8 m，少数在 3 m 以上；我国对于星级酒店的"设施设备评定标准"要求不低于 2.7 m。

4. 客房卫生间设计

　　客房卫生间设计由于限制性因素较多，所以其基本布局和功能设置都要根据主体建筑及酒店定位的具体情况进行合理安排。其设计重点应放在防水、防霉、防滑、通风上。

　　（1）顶棚一般采用轻钢龙骨、防水石膏板、乳胶漆，整洁温馨、易于打理。

　　（2）墙面采用自然石材、玻璃、墙砖或与防水纸混用造型。

　　（3）地面采用自然石材、地砖，注意防滑，安全舒适（图3-153）。

图 3-153　卫浴空间

五、酒店空间项目设计

　　觀芷·翠陌民宿位于浙江杭州闹市区，原本是历史保护建筑"义泰昌布号"，与著名老街"河坊街"仅几步之遥。

　　原建筑为传统砖木结构的三进宅院，由于房龄已有百余年且没有得到很好的修缮保护，饱经沧桑的老宅已残破不堪（图3-154）。

图 3-154 原建筑

1. 前期工作

我们面临的问题非常严峻——雕花门窗早已腐坏，房顶多处渗水，院落中处处是半人高的杂草，难以行走。而其中最关键的是原先的木结构日晒雨淋，通往二层的木质楼梯破损严重，地板上也有多处破洞，难以满足改造后所需求的承受力（图 3-155 ~ 图 3-157）。

图 3-155 原建筑

图 3-156 改造后细节 1

图 3-157 改造后细节 2

2. 建筑外观

由于建筑古老且具有重要历史文化意义，我们仅对其外观进行维护及修缮。"観芷·翠陌"是标准的江南古民居建筑风格，即"四水归堂"布局，木梁承重，砖砌护墙（图 3-158）。

我们仅对墙面局部修复，重新粉刷，屋顶破碎的青瓦也被替换重铺、刷洗干净，最大程度保护原始的建筑外貌。

3. 公共空间

（1）庭院一进：通过古老的木门进入门厅，正对面有一小八仙桌，稍加隔挡。胡桃木博古架齐梁而立，呈阶梯状（图 3-159 ~ 图 3-164）。

图 3-158　前门设计

图 3-159　门厅设计细节 1

图 3-160　门厅设计细节 2

图 3-161　门厅设计细节 3

图 3-162　门厅设计细节 4　　　　　　　　　　图 3-163　门厅设计细节 5

前台为水泥现浇覆黄铜台面，顶部铺满细密毛竹，暖黄色的灯光投射出朦胧的美（图 3-165）。

图 3-164　门厅设计细节 6　　　　　　　　　　图 3-165　前台设计

（3）庭院三进：连接二、三进的公共空间为一层的集中休憩区（图3-172和图3-173）。

图 3-172 庭院休憩区 1   图 3-173 庭院休憩区 2

庭院正中放置一张长约4米的桌子，供住店客人饮茶、休闲，兼具茶艺表演的功能（图3-174 ～图3-176）。

图 3-174 饮茶、休闲 1   图 3-175 饮茶、休闲 2

图 3-176　饮茶、休闲 3

三进空间中还包含一个半敞开吧台及餐厅，可满足多种聚会需求（图 3-177 和图 3-178）。

图 3-177　餐厅局部 1

图 3-178　餐厅局部 2

（4）二层公共区：沿着木质楼梯而上，便可进入二层的公共空间。古老的砖木结构老宅通常层高较高，搭配现代的金属灯具，显得空间开阔而细节精致（图 3-179 和图 3-180）。

图 3-179　二层公共区空间设计

图 3-180　二层公共区装饰设计局部

（5）客房：客房共 8 间，设计师依然极力保持原始建筑的古朴风格，意图使入住者追溯历史、回归本真（图 3-181 ~ 图 3-183）。

图 3-181　客房设计 1

图 3-182　客房设计 2

图 3-183　客房设计 3

由于客人对佛学与古文化的喜好，每间房的主题也颇有意境。

①缔欢——影音主题。

缔欢取自清朝乾隆皇帝的诗《题宋院本金陵图》："琼窗倚榭簇勾栏，蜜意酣情各缔欢"。

缔欢房内沙发正对一面可推拉的木隔栅，拉开便为投影屏幕（图 3-184 ~ 图 3-186）。

图 3-184　客房木隔栅设计 1

图 3-185　客房木隔栅设计 2

图 3-186　客房木隔栅设计 3

②芳时——泳池主题。

芳时取自唐朝韦应物的诗《拟古诗十二首》："游泳属芳时，平生自云毕"。

芳时泳池主题设计如图 3-187 ~ 图 3-192 所示。

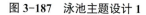

图 3-187　泳池主题设计 1

图 3-188　泳池主题设计 2

图 3-189　泳池主题设计 3

图 3-190　泳池主题设计 4

图 3-191　泳池主题设计 5

图 3-192　泳池主题设计 6

③扶桑——日式主题。

扶桑取自唐朝刘长卿的诗《同崔载华赠日本聘使》："遥指来从初日外，始知更有扶桑东"。

扶桑房内的地面上铺以榻榻米，房内大多摆饰、器皿均有百年历史，它们跨越广阔的东海，从日本运来，使入住者身临其境（图 3-193 ~ 图 3-197）。

图 3-202　禅修主题客房设计 5

图 3-203　禅修主题客房设计 6

⑤凤台——亲子主题。

凤台取自唐朝徐铉的诗《寄外甥苗武仲》："放逐今来涨海边，亲情多在凤台前"。

凤台——亲子主题空间设计如图 3-204 和图 3-205 所示。

图 3-204　凤台——亲子主题空间设计 1

图 3-205　凤台——亲子主题空间设计 2

⑥载瞻——星空主题。

载瞻取自唐朝司空图的诗《二十四诗品》："载瞻星辰，载歌幽人。流水今日，明月前身"。

载瞻——星光主题空间设计如图 3-206 ~ 图 3-208 所示。载瞻房保留了原有的天窗，夜晚降临时，客人可透过顶部的天光看见满天繁星。

图 3-206　载瞻——星空主题空间设计 1

图 3-207　载瞻——星空主题空间设计 2

图 3-208　载瞻——星空主题空间设计 3

⑦清襟——观景主题。

清襟取自唐朝马戴的诗《寄崇德里居作》："扫君园林地，泽我清凉襟"。

清襟——观景主题空间设计如图 3-209 ～ 图 3-212 所示。

图 3-209　清襟——观景主题空间设计 1

图 3-210　清襟——观景主题空间设计 2

图 3-211　清襟——观景主题空间设计 3

图 3-212　清襟——观景主题空间设计 4

⑧随幽——观景主题。

随幽取自唐朝储光羲的诗《夏日寻蓝田唐丞登高宴集》："园林与城市，闾里随人幽"。

随幽——观景主题空间设计如图 3-213 ~ 图 3-215 所示。

图 3-213　随幽——观景主题空间设计 1

图 3-214　随幽——观景主题空间设计 2

图 3-215　随幽——观景主题空间设计 3

　　"觀芷·翠陌"项目从设计至施工完成耗时一年余，从原有的残旧老宅摇身一变，成为现今清河坊街区的新地标。

　　保护中国传统古建筑与打造满足现代人生活及审美需求的居所并无冲突；同时，它与旁边著名的历史老街"河坊街"形成一个具有连续性的、完整的南宋文化圈。

　　市井的喧嚣与禅意的宁静，现代的城市感与古代的文人气息完美交融，这也是设计师眼中"觀芷·翠陌"应有的样子。

案例赏析

上海佘山世茂深坑洲际酒店公共空间设计

一、工程项目概况

上海佘山世茂深坑洲际酒店（又名"世茂深坑酒店"）由香港郑中设计事务所（以下简称"CCD"）进行设计，建造于原本为采石矿的深坑之上，为了将原始深坑的粗糙质感和周围自然环境相融合，酒店室内采取"矿·意美学"的理念进行设计，将原生粗犷的岩石崖壁与缥缈雅致的山水自然相结合，打造出专属于世茂深坑酒店的意境文化（图3-216）。

深坑在风景区佘山脚下，坑内悬崖峭壁上绿植丛生，并有瀑布从峭壁上流入水面，酒店就置身在这样的环境下。CCD在进行多次实地勘探后，深深感受到人类在千百年的发展中不断改变着大自然固有的面貌，而自然的力量又在无声无息中渗透在人类文明之中，人类与自然的关系成为酒店起初设计灵感的来源，力求将酒店设计与建筑、自然环境完美地结合起来。

大堂墙壁凹凸起伏的肌理，错峰层迭，重现崖壁自然的转折，CCD为了将这种氛围感受带入设计，在人类与自然中寻找平衡点，打造出一种自然景观与人工设计互相共生、穿插渗透的情境，通过设计手法让建筑与自然更加融合，穿梭游走于其中，让人不禁疑惑：究竟是置身于岩洞探索，还是舒适的酒店中？整个设计并没有让建筑消隐于自然，也没有让设计脱离自然，而是很好地将两者平衡，达到亦幻亦真的效果（图3-217）。

图 3-216　酒店外部

图 3-217　酒店大堂

二、设计理念及功能分析

设计故事：地心奇遇。

设计初始，CCD结合项目的地理特点、深坑内的景色变化、岩层变化特点及奇观体验的需求，提出了"地心奇遇"的设计主题来贯穿整个酒店区域的设计。从进入地面大堂到客房、湖面酒吧、水下套房、水下特色餐厅，都与故事紧紧相扣，整个入住体验，仿佛跟随20世纪的英伦探险家深入矿洞开启探险奇遇，从地面到地下，沿着地心深处直入，直至水底深处……营造出一个充满探险味道的酒店空间，赋予酒店独特的品牌定位。

1. 酒店大堂

酒店大堂作为"地心奇遇"最核心岩层里的亮点，让客人可以从灰色外层岩石深入挖掘探索，直达岩层最核心地带，发现一个全年绽放能量的核心点。大堂立面隐约重现矿坑岩层的自然风貌，是设计师根据地表板块变动，岩浆漫过岩石形成的横向与竖向自然变化所启发而来的设计。凹凸起伏的肌理，错峰层迭，重现崖壁自然的转折，使用自然面的灰色石材，让室内的整体色调与深坑内部的岩石色彩更为接近。大堂中央设有 3D 投影动态水幕，在特定时间展示多种水幕投影图像，与户外的自然崖壁、远方的流水瀑布相呼应，模糊室内与室外的界限，气势非凡，带给入住者惊喜与期待（图 3-218 和图 3-219）。

图 3-218　中央设有 3D 投影动态水幕的酒店大堂

图 3-219　深古铜色的大堂墙面

2. 中餐厅——凤栖梧桐

沿着宴会厅的天光引导，来到中餐厅的入口，可以发现一个大型采光天井，将自然光线引入室内，正落在古松树上。《庄子》中对松树有"受命于地，唯松柏独也正，在冬夏青青；受命于天，唯尧、舜独也正，在万物之首"的极高评价。这颗古松树也与中餐厅内部的凤凰主题互相配合，形成了一种动静皆宜的意境（图 3-220）。

3. 全日制餐厅——能量驿站

在这段奇异的旅程中，这里是探险者的能量补给驿站，各个食物岛台上方的设计结合灯光效果，让探险者在远方即可看到能量的来源。驿站立面的方格纹理，就像电池能量的指示灯，持续不断地补充能量。而遍布各种品类的食物岛台可以让每位探险者各取所需，在坑里随时保持探险的活力（图 3-221）。

图 3-220　中餐厅

图 3-221　全日制餐厅为"探险者"提供补给

4. 行政酒廊——幽谷绿境

从洞口进入，沿深坑山谷而下，一路探寻，到达谷底，翠屏跌宕的绿野，簇丛展现于眼前。位于 B13 层的行政酒廊就像处于森林中的工作站，工作站的家具、灯具均由设计师精心设计和定制，满足探险者对探险体验的高品质追求。此处给探险者提供了一段短暂、舒适的休息之处，让他们为开启海底世界的奇妙之旅做好准备（图 3-222）。

5. 酒吧——簇火耀岩

酒吧位于酒店的 B14 层，介于坑底与水面之间，犹如潜水艇从地心的熔岩层升起，浮到水面。进入酒吧前，即可体验到象征潜水艇驻停在深坑崖壁时不断产生摩擦火花的装置艺术。酒吧内部空间不时散发着火红、炽热的气息，透过光影结合，使其整体颜色与深坑崖壁内的岩石颜色做出对比。蒸汽工业时代的卡座与吧台椅设计，吧台上方鱼雷造型的定制木桶酒架、灯具成为空间里独具特色的点缀，也是打卡拍照的亮点（图 3-223）。

图 3-222　行政酒廊

图 3-223　酒吧内部装饰

6. 泳池——碧泉溶洞

位于坑底水面边际的室内泳池由钟乳石抽象演化而成的天花与柱子造型，营造出犹如碧泉溶洞般的氛围，在自然光线的照射下，透过玻璃幕墙，让探险者在戏水的同时，也可感受到室外雄伟的深坑崖壁。在溶洞里，运用人造石打造类似蘑菇泡泡的趣味性装饰元素，使泳池显得更加梦幻（图 3-224）。

7. 水下餐厅——水中秘境

探险家们像寻宝般地发现奇迹，发现流水沿石灰岩层面裂隙溶蚀、侵蚀而形成水帘洞。水下餐厅的天花造型与反射就像暗藏着连生晶体，炫彩斑斓，映射出与空间环境共鸣的美感。客人可以观赏着水里的鱼群，点着蜡烛，在这里体验最特别的用餐感受（图 3-225）。

图 3-224 犹如碧泉溶洞般的梦幻泳池　　　　图 3-225 天花造型与反射像暗藏着连生晶体，炫彩斑斓

8. 总统套房——谍影寻踪

总统套房以英国情报局占士邦 007 为设计主题，仿佛占士邦 007 的秘密基地掩藏在深坑中，打开古老厚重的钢铁保险门，便是带有神秘感的现代化奢华居室。总统套房的位置在建筑最边上，拥有 270° 的视角与坑边悬崖咫尺之遥，在设计上就特别考虑到这一位置特点及自然景观特点，采用大面积玻璃幕墙，一面是峻石嶙峋的悬崖；另一面是明亮、舒适，充满高科技的起居空间，再一次展现了悬崖自然景观的戏剧化与冲击力。

三、效果图展示

世茂深坑酒店各部分的效果如图 3-226 ~ 图 3-236 所示。

图 3-226 大堂休息区

图 3-227 大堂

图 3-228 中餐厅中的凤凰主题

图 3-229 全日制餐厅

图 3-230　酒吧内部

图 3-231　犹如水帘洞的水下餐厅

图 3-232　水下餐厅中的金属装饰

图 3-233 淡黄色与蓝色相间的客房

图 3-234 复古洗浴室

图 3-235 客房走廊墙体饰面

图 3-236 墙面玻璃镜面材质的反射及光影塑造

任务实训

一、实训内容

某酒店设计及施工（教师可结合自身实训项目安排）。

二、实训目的

通过本模块的学习，学生应能掌握公共空间设计施工与制作流程。

三、实训要求

（1）了解公共空间的基本施工过程、施工要求、施工质量检验、施工注意事项和竣工检验；掌握竣工图纸的设计和制作方法。

（2）培养与客户交流沟通的能力及与项目组同事的团队协作精神。

（3）设计中注重发挥自主创新意识。

（4）在训练过程中发现问题应及时咨询实训指导教师，多交流。

（5）在训练过程中注重自我总结与评价，以严谨的工作作风对待实训。

四、辅导要求

（1）以项目组为单元组织实训，在组建项目组时应注重学生自身专业能力优势的搭配。

（2）在项目设计及制作过程中，注重集体辅导与个体辅导相结合。

（3）在实训指导过程中除共性问题的解决与分析外，还应该注重发挥学生的特长，突出个人的创作特点。

（4）围绕创作风格、特点及创作处理手法进行重点指导。

（5）针对学生的制作过程和制作方法，以及作品的内容与项目要求等，分阶段进行点评。

五、实训指导

（1）公共空间设计的实施前期准备。本阶段要求各项目组掌握各种公共空间设计的施工要求，以及不同公共空间对施工要求的差异。

1）公共空间装饰工程特点及施工准备的原则。

2）对于内业、资料的准备要熟悉、核对图纸与其他设计文件要点，详见图纸会审纪要。

3）外业与物质准备，复核结构施工规格，确定装饰基准线。

4）制订施工的进度管理。

（2）公共空间设计的实施原则和注意事项。本阶段要求了解施工过程中的各种要求和施工注意事项，掌握施工质量。

（3）公共空间设计的实施程序。本阶段要求了解施工过程中的各种实施程序。

六、总结

通过项目分组实题实做的方式，学生应能掌握公共空间的实施主要过程，掌握各种施工过程的注意事项和工程检验的细则与检验要求，还要理解施工图与竣工图之间的差异和要求，精确制作施工图与竣工图。

素质拓展

素质拓展：公共空间设计的实施程序 2

参考文献

[1] 来增祥，陆震纬.公共空间设计原理 [M].2 版.北京：中国建筑工业出版社，2006.

[2] 张绮曼，郑曙旸.公共空间设计资料集 [M].北京：中国建筑工业出版社，1991.

[3] 薛健.室内外设计资料集 [M].北京：中国建筑工业出版社，2002.

[4] 李文彬.建筑室内与家具设计人体工程学 [M].2 版.北京：中国林业出版社，2001.

[5] 陶新.设计概论 [M].南京：南京大学出版社，2016.

[6] 黄春波，黄芳，黄春峰.居住空间设计 [M].北京：上海交通大学出版社，2013.

[7] 邓雪娴，周燕珉，夏晓国.餐饮建筑设计 [M].北京：中国建筑工业出版社，1999.

[8] 竹谷稔宏.餐饮业店铺设计与装修 [M].孙逸增，俞浪琼，译.沈阳：辽宁科学技术出版社，
   2001.

[9] 陈维信.商业形象与商业环境设计 [M].南京：江苏科学技术出版社，2001.

[10] 朱淳.现代展示设计教程 [M].杭州：中国美术学院出版社，2002.

[11] 邓楠，罗力.办公空间设计与工程 [M].重庆：重庆大学出版社，2002.

[12] 陈易.公共空间设计原理 [M].北京：中国建筑工业出版社，2006.